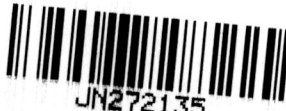

0《ゼロ》からはじめても一発合格！

原付免許がカンタンに取れる本

自動車教習研究会 編

大泉書店

0《ゼロ》からはじめても一発合格！
原付免許がカンタンに取れる本

もくじ

Part1 試験に出る交通ルール37

運転前に知っておくこと

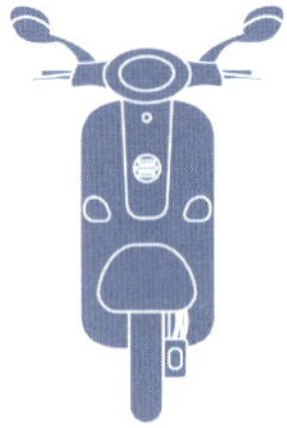

道路の通行方法

追い越し・交差点・駐停車のルール

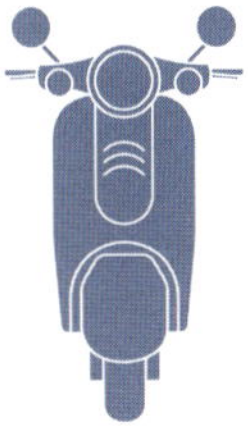

危険な場所・場合の運転

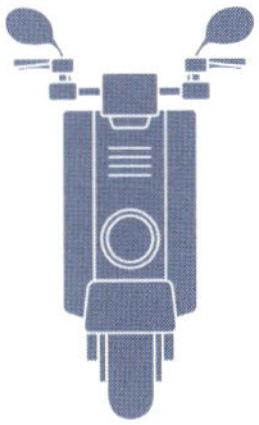

Part2 実力判定テスト よく出る240題

受験ガイド

受験できない人

❶ 年齢が16歳未満の人

❷ 免許を拒否された日から起算して、指定された期間を経過していない人

❸ 免許を保留されている人

❹ 免許を取り消された日から起算して、指定された期間を経過していない人

❺ 免許の効力が停止、または仮停止されている人

受験に必要なもの

❶ 本籍が記載された住民票の写し(小型特殊免許を持っている人はその免許証)

❷ 運転免許申請書(用紙は試験場にある)

❸ 証明写真(縦30ミリ×横24ミリで、6か月以内に撮影したもの)

❹ 受験手数料、免許証交付料

＊ はじめて免許証を取る人は、健康保険証やパスポートなどの身分を証明するものの提示が必要。

＊ 免許申請時に、一定の病気等(統合失調症やてんかんなど)の症状にかかわる「質問票」(試験場に用意)の提出が必要。

＊ 必要書類や費用などは、あらかじめ試験場に確認しておくこと。

適性試験の内容

❶ 視力検査

両眼で0.5以上で合格。片方の目が見えない人でも、見えるほうの視力が0.5以上で、視野が150度以上あればOK。メガネ、コンタクトレンズの使用も認められている。

❷ 色彩識別能力検査

「赤・黄・青」を見分けることができれば合格。

❸ 運動能力検査

手足、腰、指などの簡単な屈伸運動をして、車の運転に支障がなければ合格。義手や義足の使用も認められている

＊ 身体に障害がある人は、あらかじめ運転適性相談を受けてください。

学科試験の合格基準

文章問題46問(1問1点)、イラスト問題2問(1問2点)の計48問が出題され、50点中45点以上で合格。制限時間は30分。問題を読んで正誤を判断し、マークシートの解答用紙に記入する形式。

原付講習の受講

原付免許試験では、3時間の原付講習の受講が義務づけられている。実際に原動機付自転車に乗り、運転方法などを学ぶ講習。都道府県により実施方法が異なる(事前に受講する場合や当日受講する場合など)ので、事前に確認しておく。

Part 1

試験に出る交通ルール37

効果的な勉強法

▶ 試験に出る37の交通ルールを、「運転前に知っておくこと」「道路の通行方法」「追い越し・交差点・駐停車のルール」「危険な場所・場合の運転」の４つに分類。１項目ごとクリア！

▶ イラストと説明をひと通り理解したら、説明部分に赤シートを当て、隠れたことばを考えてみよう！

▶ ルールを覚えたら、各項目の「頻出厳選３問」にチャレンジ。解答部分に赤シートを当て○×で解答、シートをずらして簡単に答え合わせ。赤字の重要語句とともに丸暗記！

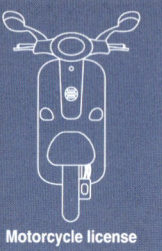

運転前に知っておくこと❶

必ず覚える！
重要交通用語15

① 道路

一般の人や車が**自由に通行できる**ところ。

② 歩道

歩行者の通行のために、縁石線《えんせきせん》やガードレールなどで区分されている道路の部分。

③ 車道

車の通行のために、縁石線やガードレールなどで区分されている道路の部分。

④ 路側帯《ろそくたい》

歩行者の通行のためや、**車道の効用**を保つために**歩道**のない道路に設けられる、**白線**で区分されている道路の端の帯状の部分。

⑤ 横断歩道

標識や標示で示された**歩行者が横断する**道路の部分。

⑥ 自転車横断帯

標識や標示で示された**自転車が横断**する道路の部分。

頻出厳選3問

Q1 ▶ 交差点は2つ以上の道路が交わる部分をいうが、T字路は交差点には含まれない。

Q2 ▶ 優先道路は、必ず「優先道路」の標識によって示されている。

Q3 ▶ 路肩《ろかた》とは、歩道や路側帯《ろそくたい》のない道路の端に設けられた路端《ろたん》から0.5メートルの部分をいう。

⑦車両通行帯

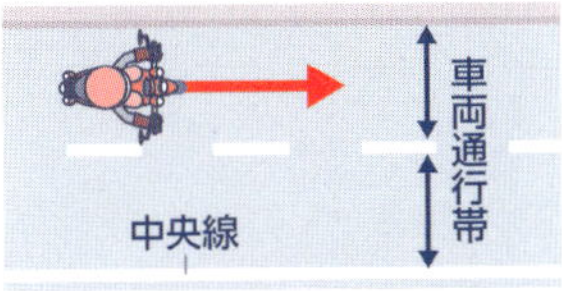

車が一定の定められた区分に従って通行するように標示で区画されている車道の部分。「車線」「レーン」ともいう。

⑧交差点

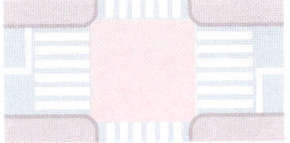

十字路やT字路など、2つ以上の道路が交わる部分。

⑨安全地帯

路面電車の乗降客などの安全のために道路上に設けられた島状の施設《しせつ》や、標識や標示によって示された道路の部分。

⑩路肩《ろかた》

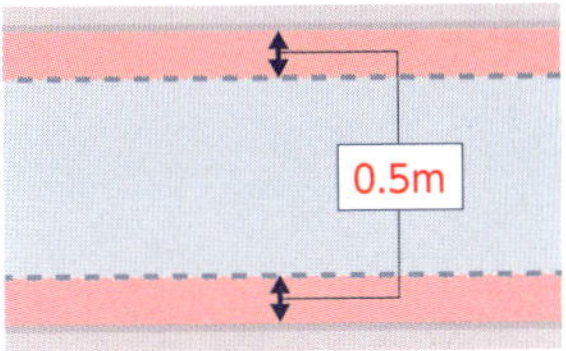

おもに車道の効用を保つために設けられる、道路の端から0.5メートルの部分。

⑪優先道路

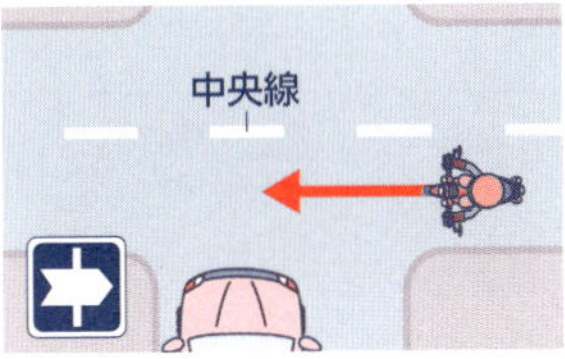

「優先道路」の標識がある道路や、交差点の中まで中央線などの標示がある道路。

⑫軌道敷《きどうしき》

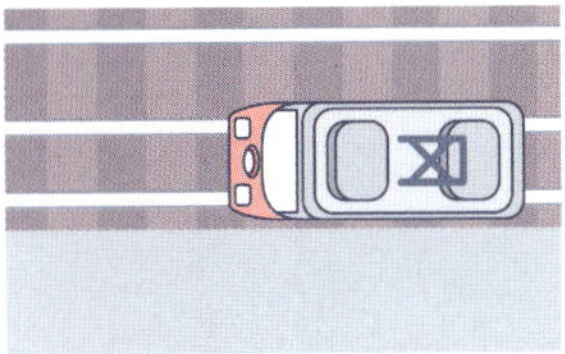

路面電車が通行するための、レールの内側と外側0.61メートルの道路の部分。

⑬こう配《ばい》の急な坂

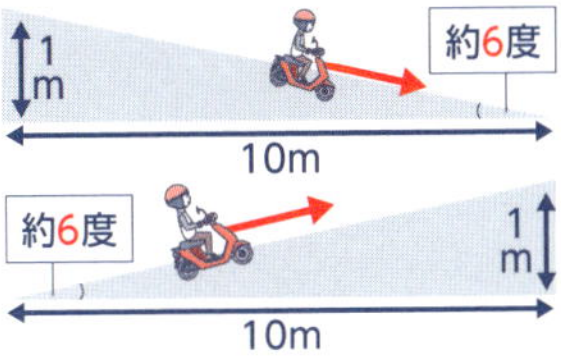

おおむね10パーセント（約6度）以上（10メートルで1メートル上る、または下る）の傾斜《けいしゃ》がある坂。

⑭けん引《いん》

故障《こしょう》などの車を他の車で引っ張ることをいい、けん引するための装置《そうち》を備えた車はけん引自動車。

⑮総排気量

エンジンの大きさをいい、数値が大きくなるほどその車の馬力なども大きくなる。

A1 ✕ T字路も2つの道路が交わるので、交差点になります。

A2 ✕ 「優先道路」の標識がなくても、交差点の中まで中央線などがある道路は優先道路です。

A3 ○ 路端から0.5メートルの部分を路肩といいます。

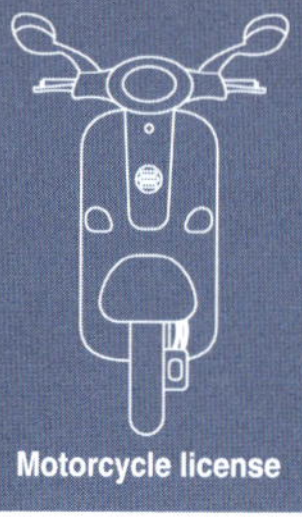

運転前に知っておくこと❷

車の区分と自動車などの種類

「車など」の区分 ▶ 原動機付自転車は**自動車**には含まれない

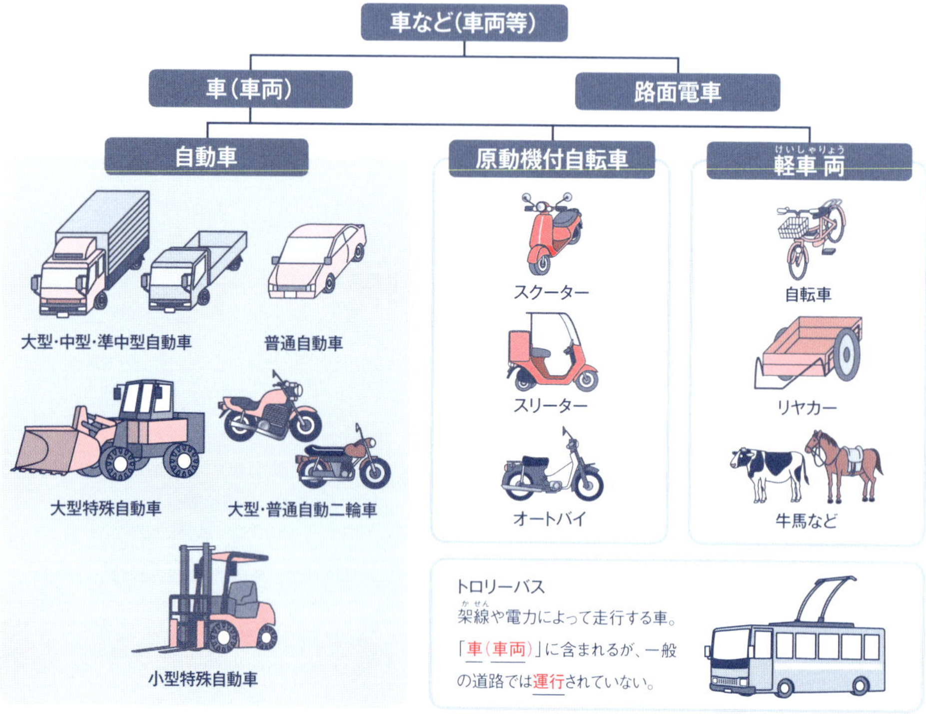

頻出厳選3問

Q1 ▶ 原動機付自転車は、自動車には含まれない。

Q2 ▶ エンジンの総排気量50ccを超える二輪車は、原動機付自転車ではなく自動二輪車になる。

Q3 ▶ 軽車両《けいしゃりょう》は、自転車、リヤカー、牛馬などのことをいう。

自動車などの種類 ▶ 原動機付自転車はおもに50cc以下の二輪車

種類	積載制限・乗車定員・構造など
大型自動車	大型特殊自動車、大型・普通自動二輪車、小型特殊自動車以外の、次の条件のいずれかに当てはまる自動車。 ● 車両総重量……11,000キログラム(11トン)以上 ● 最大積載量《せきさいりょう》……6,500キログラム(6.5トン)以上 ● 乗車定員……30人以上
中型自動車	大型自動車、大型特殊自動車、大型・普通自動二輪車、小型特殊自動車以外の、次の条件のいずれかに当てはまる自動車。 ● 車両総重量……7,500キログラム(7.5トン)以上、11,000キログラム(11トン)未満 ● 最大積載量……4,500キログラム(4.5トン)以上、6,500キログラム(6.5トン)未満 ● 乗車定員……11人以上、29人以下
準中型自動車	大型自動車、中型自動車、大型特殊自動車、大型・普通自動二輪車、小型特殊自動車以外の自動車の、次の条件のいずれかに当てはまる自動車。 ● 車両総重量……3,500キログラム(3.5トン)以上、7,500キログラム(7.5トン)未満 ● 最大積載量……2,000キログラム(2トン)以上、4,500キログラム(4.5トン)未満
普通自動車	大型自動車、中型自動車、大型特殊自動車、大型・普通自動二輪車、小型特殊自動車以外の、次の条件のすべてに当てはまる自動車。 ● 車両総重量……3,500キログラム(3.5トン)未満 ● 最大積載量……2,000キログラム(2トン)未満 ● 乗車定員……10人以下 ＊ミニカーを含む。
大型特殊自動車	カタピラ(キャタピラー)式などの特殊な構造の特殊な作業に使用し、最高速度や車体の大きさが小型特殊自動車に当てはまらない自動車。
大型自動二輪車	エンジンの総排気量が400ccを超える二輪の自動車(側車付きのものを含む)。
普通自動二輪車	エンジンの総排気量が50ccを超え、400cc以下の二輪の自動車(側車付きのものを含む)。
小型特殊自動車	特殊な構造のもので、次のすべてに当てはまる自動車。 ● 最高速度……時速15キロメートル以下 ● 構造……長さ4.70メートル、幅1.70メートル、高さ2.00メートル以下(ヘッドガードなどにより高さが2.00メートルを超え、2.80メートル以下のものも含む)の自動車。
原動機付自転車	エンジンの総排気量が50cc以下の二輪車(スリーターを含む)、または定格出力が0.60kw以下の原動機を有する二輪車。

A1 ○ 原動機付自転車は自動車には含まれず、車(車両)に含まれます。

A2 ○ 原動機付自転車は、総排気量50cc以下の二輪車、または定格出力が0.60kw以下の原動機を有する二輪車をいいます。

A3 ○ 軽車両は設問のような車をいい、自動車には含まれません。

Motorcycle license

運転前に知っておくこと③

免許の種類と運転できる車

運転免許の種類 ▶ 原付免許は**第一種**免許の1つ

① 第一種免許

自動車や**原動機付自転車**を運転するときに必要な免許。

② 第二種免許

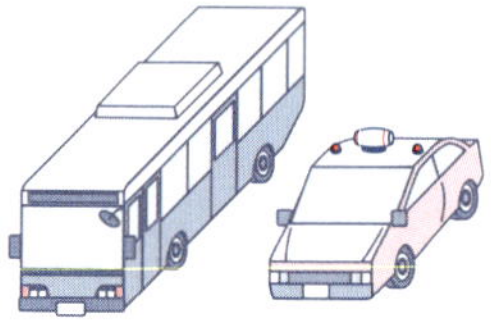

バス、タクシーなどの**旅客**《りょかく》自動車を**旅客運送**のために運転するときや、**代行運転普通自動車**を運転するときに必要な免許。

③ 仮《かり》**免許**

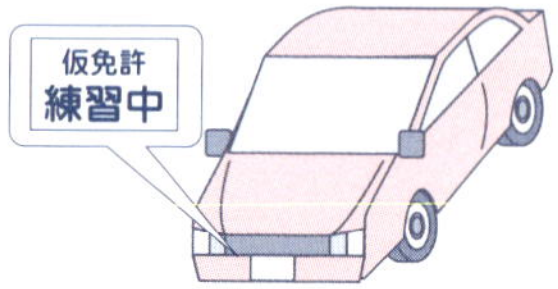

大型・中型・準中型・普通自動車を、**練習**や**試験**のために運転するときに必要な免許。

免許証に関する注意 ▶ 免許証を携行《けいこう》しないと**免許証不携帯違反**《いはん》

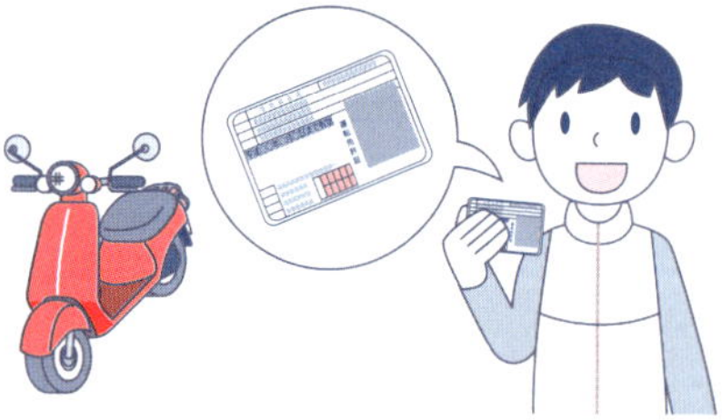

車を運転するときは、免許証を携行する。**携行**しないと**免許証不携帯**の違反となる（**無免許運転**ではない）。

車を運転するときは、免許証に記載《きさい》されている「**眼鏡**《がんきょう》**等使用**」などの**条件**を守る。

頻出厳選3問

Q1 ▶ 原付免許を取得すれば、原動機付自転車と小型特殊自動車を運転することができる。

Q2 ▶ 運転免許は、第一種免許、第二種免許、仮《かり》免許の3種類に分けられる。

Q3 ▶ 原動機付自転車は、普通免許で運転することができる。

第一種免許と運転できる車 ▶ 原付免許で運転できるのは**原動機付自転車**だけ

運転できる車 / 免許の種類	大型自動車	中型自動車	準中型自動車	普通自動車	大型特殊自動車	大型自動二輪車	普通自動二輪車	小型特殊自動車	原動機付自転車
大型免許	○	○	○	○				○	○
中型免許		○	○	○				○	○
準中型免許			○	○				○	○
普通免許				○				○	○
大型特殊免許					○			○	○
大型二輪免許						○	○	○	○
普通二輪免許							○	○	○
小型特殊免許								○	
原付免許									○
けん引《いん》免許	**大型**・**中型**・**準中型**・**普通**・**大型特殊**自動車で、他の車をけん引するときに必要（車両総重量**750**キログラム以下の車をけん引するときや、故《こ》障《しょう》車を**ロープ**などでけん引するときを除く）								

A1 ✕ 原付免許で運転できるのは**原動機付自転車だけ**で、**小型特殊自動車**は運転できません。

A2 ○ 運転免許は**設問の3種類**に分類され、原付免許は**第一種**免許になります。

A3 ○ 原動機付自転車は、**原付**免許以外に**大型**・**中型**・**準中型**・**普通**免許などでも運転できます。

運転前に知っておくこと④

運転前の10の心得

1

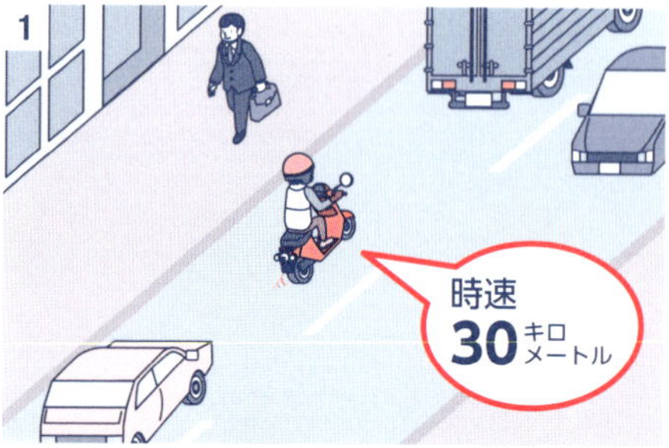

歩行者や車が安全で円滑《えんかつ》に通行できるように、交通ルールを守って運転する。

2

まわりの歩行者や車の動向に注意し、思いやりと譲《ゆず》り合いの気持ちで運転する。

3

自動車損害賠償《そんがいばいしょう》責任保険（自《じ》賠責《はいせき》保険）、または責任共済の証明書を車に備えつけて運転する。

4

長距離運転はもちろん、短区間でも運転計画を立てる。

頻出厳選3問

Q1 ▶ 強制《きょうせい》保険の証明書は大切な書類であるから、運転するときは、家に保管しておくべきである。

Q2 ▶ 睡眠《すいみん》作用のあるかぜ薬を服用したときは、速度を十分落とし、慎重《しんちょう》に運転することが大切である。

Q3 ▶ 原動機付自転車を長時間運転するときは、2時間に1回は休息をとり、疲労を十分回復させる。

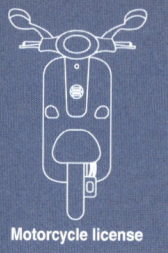

5

少量でも酒を飲んだら、車を運転してはいけない。

6

疲れているとき、病気のとき、心配事があるとき、睡眠《すいみん》作用のある薬を服用したときなどは、運転を控《ひか》える。

7

運転中に眠気《ねむけ》をもよおしたときは、無理をせず、眠気を覚《さ》ましてから運転する。

8

長時間運転するときは、少なくても2時間に1回は休息をとる。

9

携帯電話などを手に持って通話、または操作《そうさ》しながら運転してはいけない。

10

携帯電話などは、運転前に電源を切ったり、ドライブモードに設定するなどして呼出音が鳴らないようにする。

A1 ✕ 強制保険（自賠責《じばいせき》保険または責任共済）の証明書は、車に備えつけておかなければなりません。

A2 ✕ 睡眠作用のあるかぜ薬を服用すると運転中に眠気《ねむけ》をもよおして危険なので、車の運転は控《ひか》えます。

A3 ○ 長時間運転するときは、2時間に1回は休息をとります。

運転前に知っておくこと⑤

信号の種類と意味

信号機の信号の種類と意味 ▶ 黄色の矢印は**路面電車**専用

青色の灯火信号

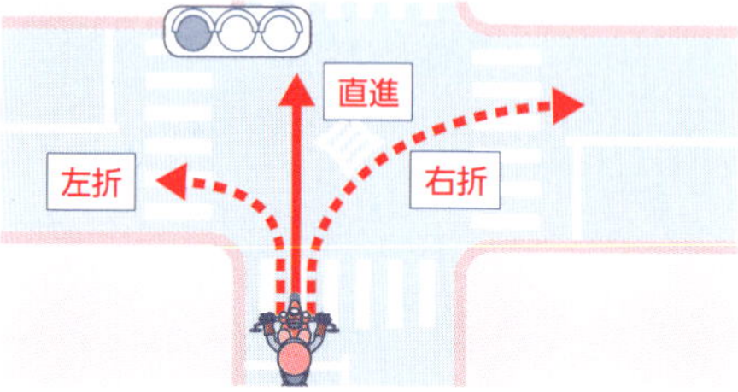

車（軽車両《けいしゃりょう》を除く）は、**直進**・**左折**・**右折**できる。軽車両は、**直進**・**左折**できる。

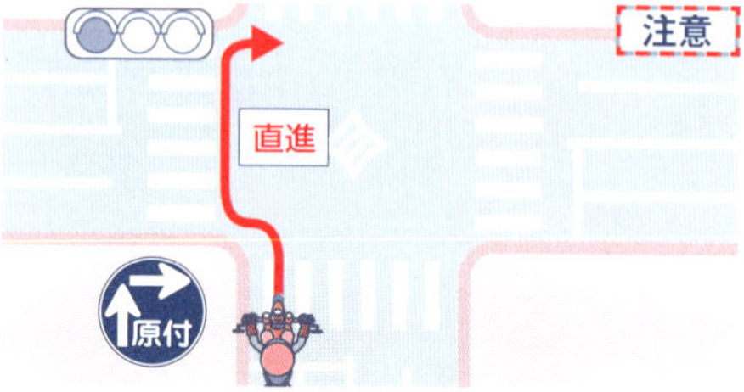

二段階の方法で右折する原動機付自転車と軽車両は、交差点を**直進**して停止し、**向きを変える**ことまでできる。

黄色の灯火信号

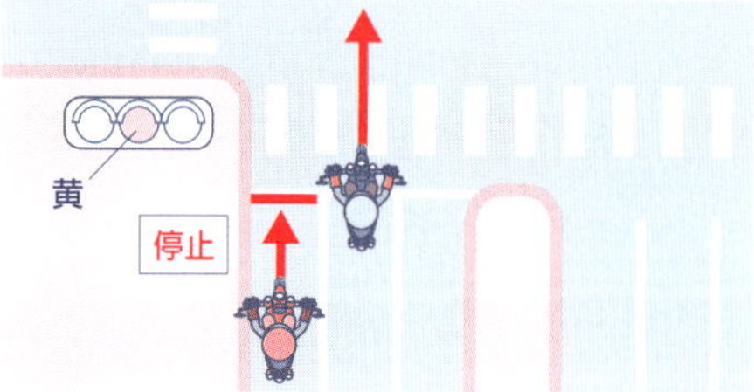

車は、**停止位置**から先に進めない。

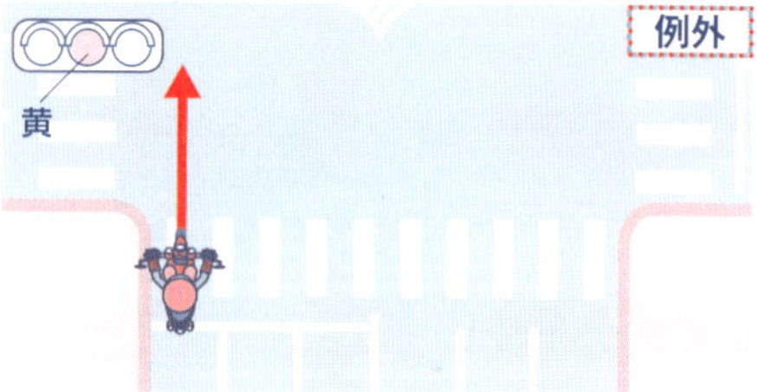

黄色の灯火に変わったとき、停止位置で**安全に停止できない**場合は、そのまま進める。

頻出厳選3問

Q1 ▶ 正面の信号が青色の灯火を表示している場合、原動機付自転車は、つねに直進、左折、右折することができる。

Q2 ▶ 黄色の矢印信号では、路面電車しか進むことができない。

Q3 ▶ 赤色の点滅信号に対面したので、他の交通に注意して交差点に入った。

赤色の灯火信号

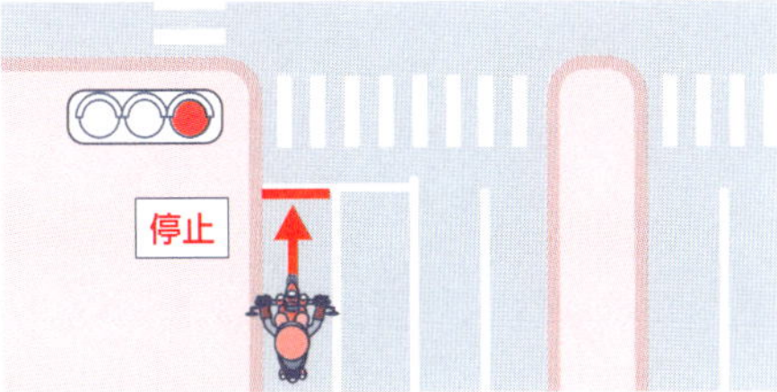

車は、停止位置を越えて進めない。

黄色の矢印信号

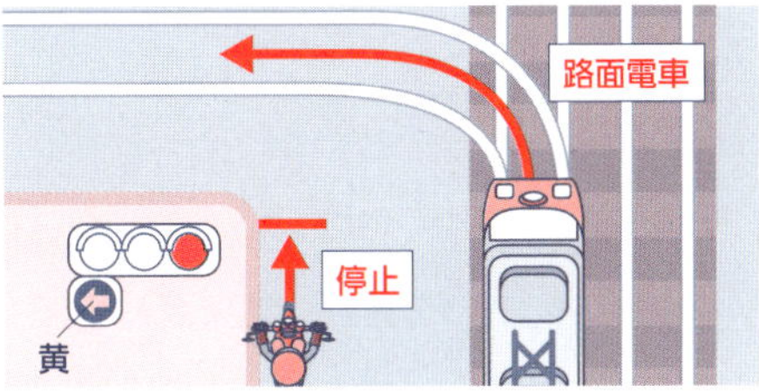

路面電車だけ矢印の方向に進め、車は進めない。

青色の矢印信号

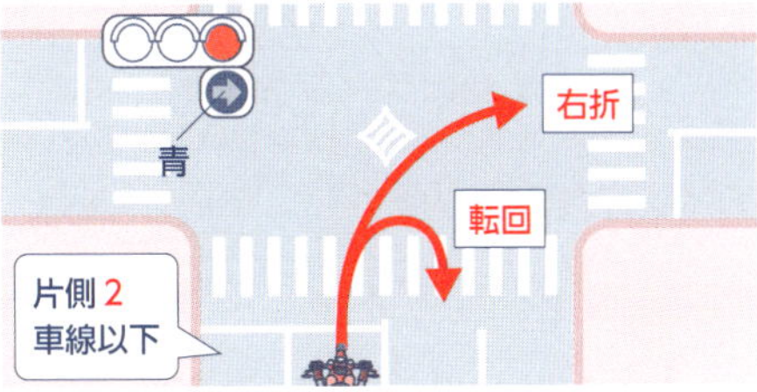

車は矢印の方向に進め(軽車両は右折できない)、右向き矢印の場合、転回《てんかい》もできる。

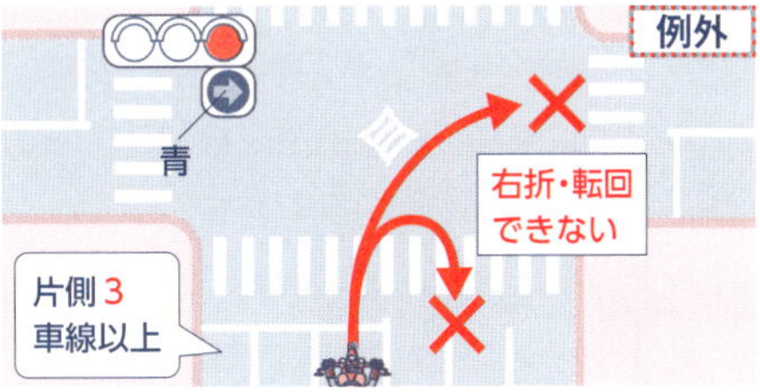

右向き矢印の場合、二段階の方法で右折する原動機付自転車と軽車両は進めない。

黄色の点滅信号

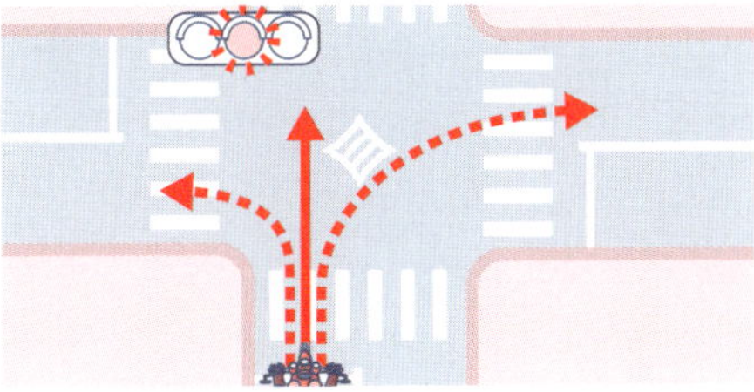

車は、他の交通に注意して進める。

赤色の点滅信号

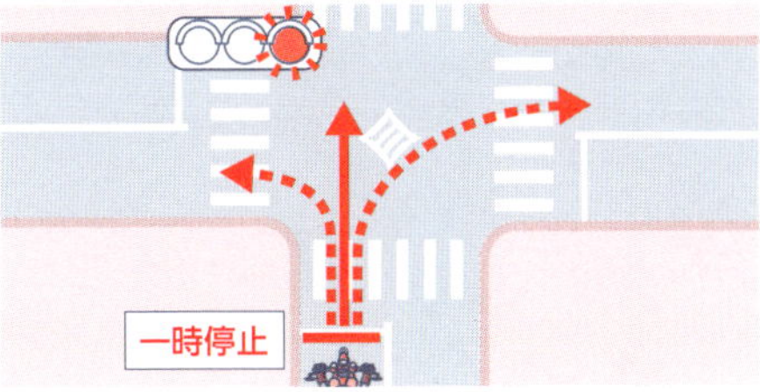

車は、停止位置で一時停止して、安全を確認したあとに進める。

A1 ×　二段階右折しなければならない交差点では、原動機付自転車は右折できません。

A2 ○　黄色の矢印信号は路面電車専用で、車や歩行者は進んではいけません。

A3 ×　赤色の点滅信号では、停止位置で一時停止し、安全を確認してから進まなければなりません。

警察官などの手信号・灯火信号の意味 ▶ 対面・背面《はいめん》は赤信号

腕を横に水平に上げている

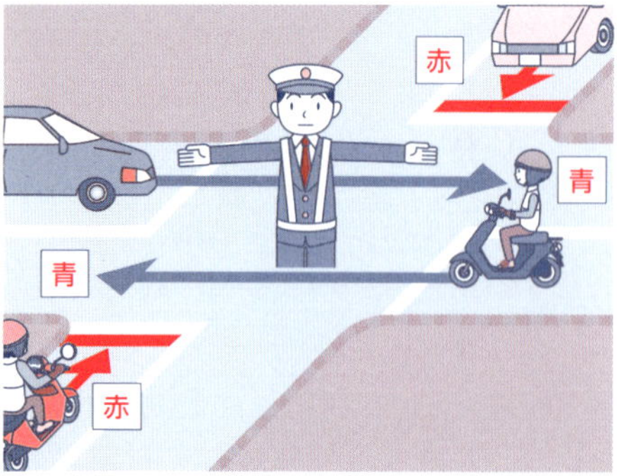

身体の正面に平行する交通は青信号、対面（背面）する交通は赤信号。

腕を垂直に上げている

身体の正面に平行する交通は黄信号、対面（背面）する交通は赤信号。

灯火を横に振っている

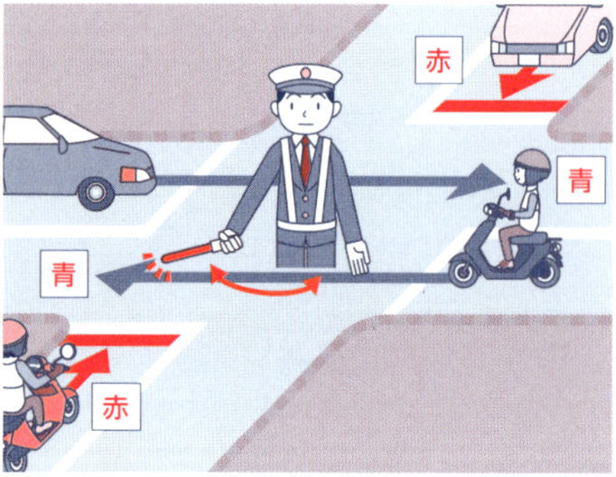

身体の正面に平行する交通は青信号、対面（背面）する交通は赤信号。

灯火を頭上に上げている

身体の正面に平行する交通は黄信号、対面（背面）する交通は赤信号。

＊「警察官など」:警察官や交通巡視員《じゅんしいん》（交通巡視員は、交通整理などを行う警察職員）。

頻出厳選3問

Q4 ▶ 交差点で警察官が腕を水平に上げている場合、その身体の正面に平行する交通は、青色の灯火信号と同じ意味を表す。

Q5 ▶ 信号機と警察官または交通巡視員《じゅんしいん》による信号の意味が異なる場合は、信号機の信号に従わなければならない。

Q6 ▶ 「左折可」の標示板がある交差点では、車は前方の信号にかかわらず、歩行者などに注意しながら左折することができる。

信号に関する注意点 ▶「左折可」の標示板があれば、信号にかかわらず左折できる

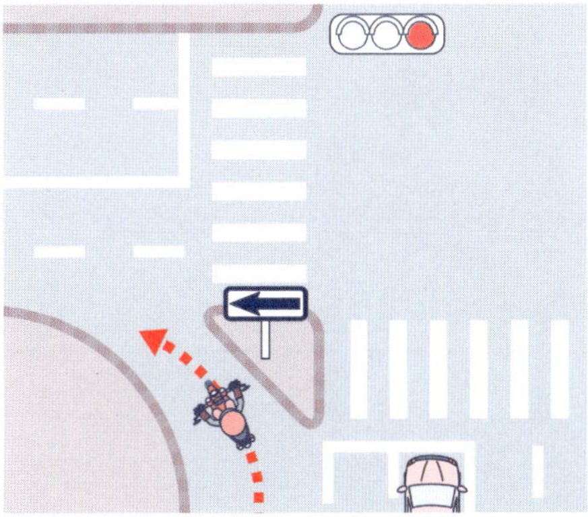

「左折可」の標示板がある交差点では、前方の信号が赤や黄でも、歩行者などまわりの交通に注意しながら左折できる。

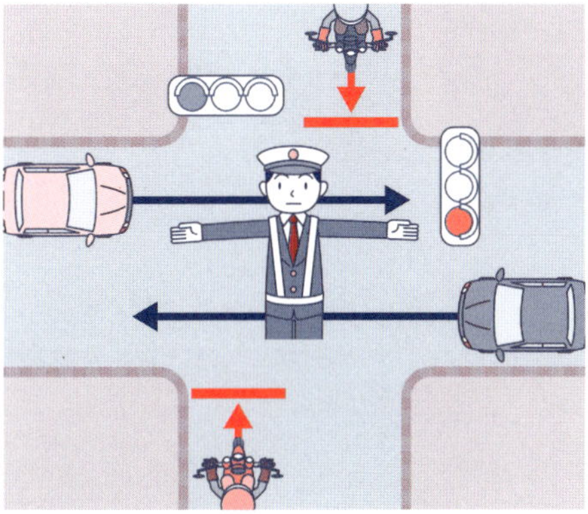

信号機と警察官などの手信号・灯火信号の意味が異なるときは、警察官などの信号に従う。

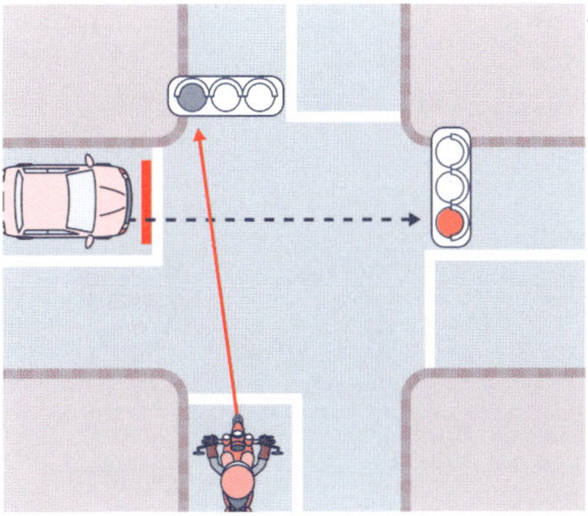

正面の信号に従う。横の信号が赤であっても、前方の信号が青とは限らない。

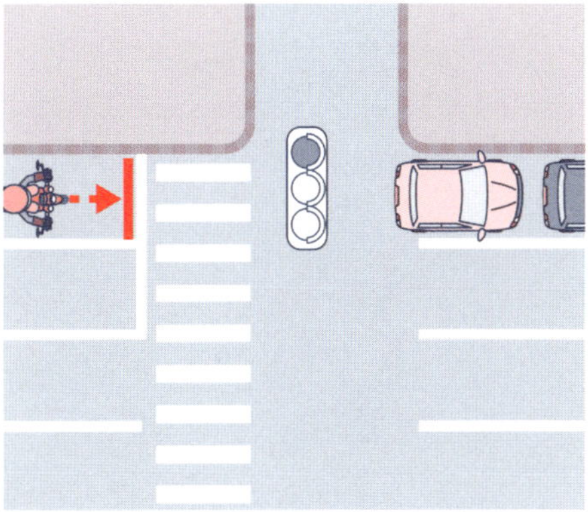

交差点の先が渋滞《じゅうたい》しているときは、青信号でも進まずに停止位置で待つ。

A4 ○ 腕を水平に上げた警察官の身体の正面に平行する交通は青信号、対面・背《はい》面《めん》する交通は赤信号です。

A5 × 信号機と警察官または交通巡視員の信号では、警察官などが行う信号に従わなければなりません。

A6 ○ 白地に青色矢印の「左折可」の標示板があれば、赤または黄色信号でも左折できます。

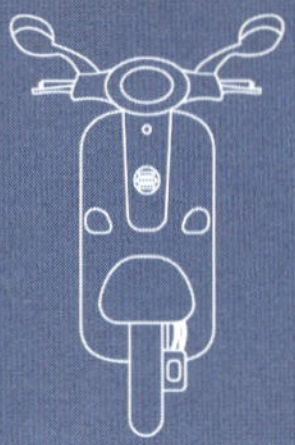

運転前に知っておくこと❻

標識の種類と意味

標識の種類 ▶ 本標識と補助標識があり、本標識は全部で4種類

本標識	規制《きせい》標識 特定の交通方法を禁止したり、特定の方法に従って通行するように指定したりするもの。	 車両通行止め  徐行《じょこう》
	指示標識 特定の交通方法ができることや、道路交通上決められた場所などを指示するもの。	 停止線  横断歩道・自転車横断帯
	警戒《けいかい》標識 道路上の危険や注意すべき状況《じょうきょう》などを前もって道路利用者に知らせて注意をうながすもの。 すべて黄色のひし形。	 黄 右方屈曲《くっきょく》あり  黄 すべりやすい
	案内標識 通行の便宜《べんぎ》を図るために、地点の名称や方面、距離などを示すもの。緑色の標識は、高速道路に関するもの。	 緑 入口の予告  国道番号
補助標識	本標識が示す規制について、その理由や適用時間などを特定するもの。単独では用いられない。	日曜・休日を除く 8 - 20 日・時間 騒音防止区間 歩行者横断多し 規制理由

頻出厳選3問

Q1 ▶ 標識は本標識と補助標識に分けられ、本標識は規制《きせい》、指示、警戒《けいかい》標識の3種類だけである。

Q2 ▶ 右の標識がある場所は、車や路面電車のほか、歩行者も通行することができない。

Q3 ▶ 右の標識がある場所は、道路の右側部分にはみ出す、はみ出さないにかかわらず、追い越しが禁止されている。

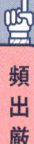

おもな規制標識の意味 ▶ 赤の標識は制限を表す

通行止め

歩行者、車、路面電車はすべて、通行できない。

二輪の自動車・原動機付自転車通行止め

自動二輪車と原動機付自転車は通行できない。

指定方向外進行禁止

車は、矢印の方向(直進・左折)以外へは進めない。

車両横断禁止

車は、右側に横断してはいけない(左側への横断はできる)。

転回《てんかい》禁止

車は、転回してはいけない。

追越しのための右側部分はみ出し通行禁止

車は、道路の右側部分にはみ出す追い越しをしてはいけない。

追越し禁止

車は、追い越しをしてはいけない。

駐停車禁止

車は8時から20時まで、駐車や停車をしてはいけない。

駐車禁止

車は8時から20時まで、駐車をしてはいけない。

A1 ✕ 本標識は、規制、指示、警戒、案内標識の4種類あります。

A2 ○ 図は「通行止め」の標識で、車、路面電車、歩行者は通行できません。

A3 ✕ 図は「追越しのための右側部分はみ出し通行禁止」の標識で、右側にはみ出す追い越しが禁止されています。

駐車余地《よち》

車の右側に、補助標識で示す余地(6メートル以上)がとれないときは、原則として駐車してはいけない。

最高速度

数字の示す速度(時速40キロメートル)を超えてはいけない。原動機付自転車は、時速30キロメートルを超えてはいけない。

自動車専用

高速道路(高速自動車国道または自動車専用道路)を表し、原動機付自転車は通行できない。

歩行者専用

歩行者専用道路を表し、歩行者と許可を受けた車しか通行できない。

一方通行

車は、矢印の方向にだけ通行できる。

専用通行帯

標示板に示された車(路線バス等)の専用通行帯を表す。原動機付自転車、小型特殊自動車、軽車両《けいしゃりょう》は通行できる。

路線バス等優先通行帯

路線バス等の優先通行帯を表す。原動機付自転車、小型特殊自動車、軽車両は通行できる。

原動機付自転車の右折方法(二段階)

交差点を右折する原動機付自転車は、二段階の方法で右折しなければならない。

原動機付自転車の右折方法(小回り)

交差点を右折する原動機付自転車は、小回りの方法で右折しなければならない。

頻出厳選3問

Q4 ▶ 右の標識は歩行者専用道路を表し、原則として軽車両《けいしゃりょう》の通行も禁止されている。

Q5 ▶ 右の標識がある交差点では、原動機付自転車は自動車と同じ方法で右折しなければならない。

Q6 ▶ 右の標識がある場所では、警音器《けいおんき》を鳴らしてはならない。

警笛《けいてき》鳴らせ

車は、警音《けいおん》器《き》を鳴らさなければならない。

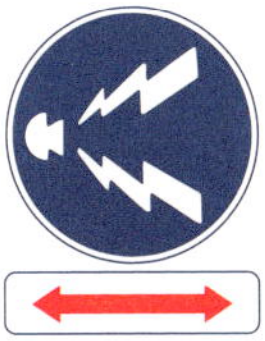

警笛区間

車は、区間内の指定場所で警音器を鳴らさなければならない。

一時停止

車は、停止位置で一時停止しなければならない。

おもな指示《しじ》標識の意味 ▶ 青の標示板が大半

駐車可

駐車できることを表す。

優先道路

優先道路であることを表す。

中央線

道路の中央や中央線であることを表す。

横断歩道

横断歩道（歩行者が横断するための場所）であることを表す。

自転車横断帯

自転車横断帯（自転車が横断するための場所）であることを表す。

安全地帯

安全地帯であることを表す。

A4 ○ 図は「歩行者専用」の標識で、原則として車（軽車両も含む）の通行が禁止されています。

A5 × 図は「原動機付自転車の右折方法（二段階）」の標識で、原動機付自転車は二段階右折しなければなりません。

A6 × 図は「警笛《けいてき》鳴らせ」の標識で、必ず警音器を鳴らさなければなりません。

おもな警戒《けいかい》標識の意味 ▶ すべて黄色でひし形の標示板

T形道路交差点あり

この先にT形道路の交差点があることを表す。

踏切あり

この先に踏切があることを表す。

学校、幼稚園、保育所等あり

この先に学校、幼稚園、保育所などがあることを表す。

落石《らくせき》のおそれあり

この先の道路で落石のおそれがあることを表す。

車線数減少

この先の道路の車線数が減少することを表す。

幅員《ふくいん》減少

この先の道路の幅が狭《せま》くなることを表す。

上り急こう配《ばい》あり

この先にこう配の急な上り坂があることを表す。

下り急こう配あり

この先にこう配の急な下り坂があることを表す。

道路工事中

この先の道路が工事中であることを表す。

頻出厳選3問

Q7 ▶ 右図は道路工事中の標識で、車の通行が禁止されている。

Q8 ▶ 右の標識のような緑色の案内標識は、高速道路に関するものである。

Q9 ▶ 右の2つの補助標識は、同じ意味を表す。

おもな案内標識の意味 ▶ 青色は一般道路、緑色は高速道路に関するもの

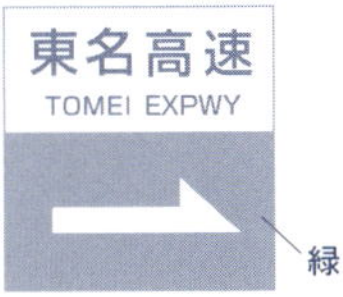

入口の方向

入口の方向（高速道路）を表す。

方面及び距離

この先の道路の方向と距離を表す。

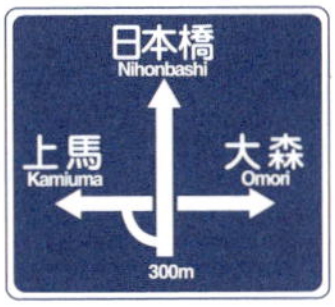

方面及び方向の予告

この先の道路の方面と方向を予告している。

方面、方向及び道路の通称名

この先の道路の方面、方向、通称名を表す。

待避所

待避所であることを表す。

登坂《とはん》車線

登坂車線であることを表す。

おもな補助標識の意味 ▶ ほとんどの補助標識は本標識の下に付く

車両の種類

大型貨物・特定中型貨物・大型特殊自動車

始まり

区間内

終わり

A7 ✕ 図は「道路工事中」の標識ですが、車の通行が禁止されているわけではありません。

A8 ○ 図は「入口の方向」を表す案内標識で、緑色の標識は高速道路に関するものです。

A9 ✕ 図の補助標識は、規制《きせい》区間の左は「始まり」、右が「終わり」を表します。

Motorcycle license

運転前に知っておくこと⑦

標示の種類と意味

標示の種類 ▶ 規制《きせい》標示と指示標示の2種類

標示 ペイントなどによって路面に示された線、記号、文字のこと。	**規制標示** 特定の交通方法を禁止したり、指定したりするもの。	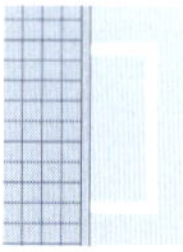 平行駐車 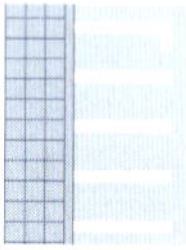 直角駐車 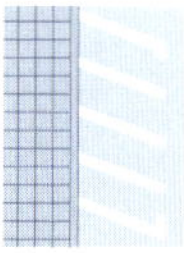 斜め駐車 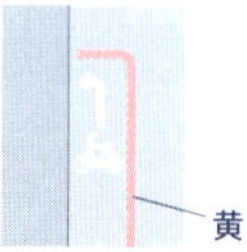 普通自転車の交差点進入禁止
	指示標示 特定の交通方法ができることや、道路交通上決められた場所などを指示するもの。	 停止線 二段停止線 進行方向 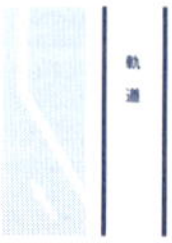 路面電車停留場

頻出厳選3問

Q1 ▶ 標示には、規制《きせい》標示と警戒《けいかい》標示の2種類がある。

Q2 ▶ 右図がある場所では、駐車や停車をしてはならない。

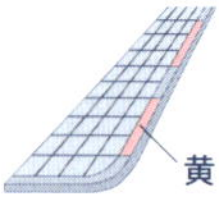

Q3 ▶ 車は、右の標示内には停止してはならないが、通過することは禁止されていない。

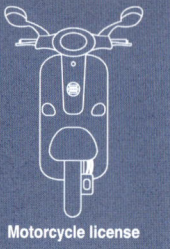

おもな規制標示の意味 ▶ 黄色は破線より実線のほうが規制の度合いが強い

転回《てんかい》禁止

車は、転回してはいけない。

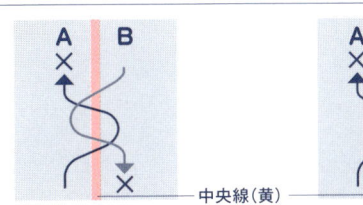

追越しのための右側部分はみ出し通行禁止

車は、黄色の線を越えて追い越しをしてはいけない。

Aを通行する車は、Bにはみ出して追い越しをしてはいけない。

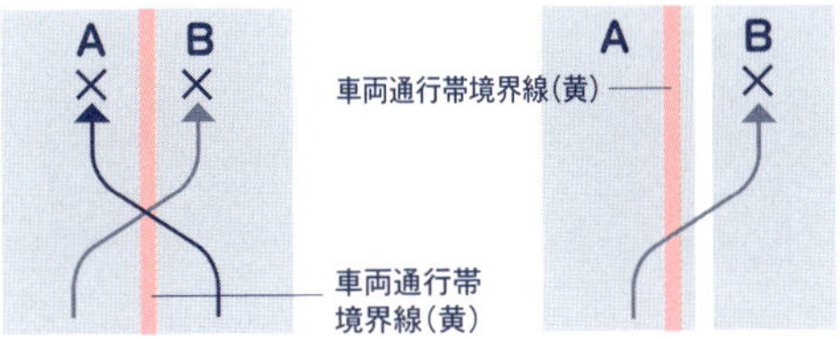

進路変更禁止

車は、黄色の線を越えて進路を変えてはいけない。

Aを通行する車は、Bに進路を変えてはいけない。

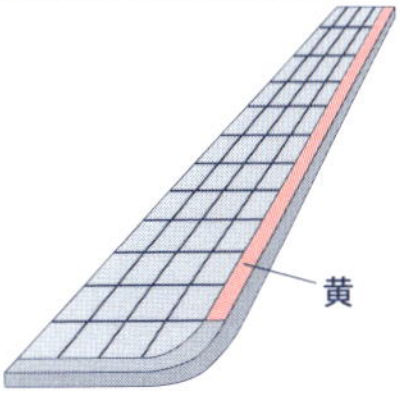

駐停車禁止

車は、駐車や停車をしてはいけない。

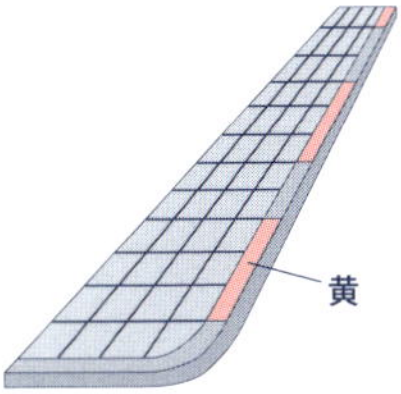

駐車禁止

車は、駐車をしてはいけない。

最高速度

数字の示す速度(時速40キロメートル)を超えてはいけない。原動機付自転車は、時速30キロメートルを超えてはいけない。

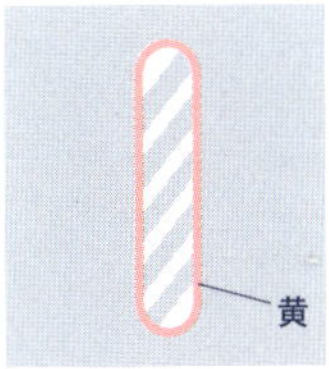

立入り禁止部分

車は、この標示内に入ってはいけない。

A1 ✕ 標示には2種類ありますが、規制標示と指示標示です。

A2 ✕ 図は「駐車禁止」の標示で、停車は禁止されていません。

A3 ✕ 図は「立入り禁止部分」を表し、標示内に入ってはいけません。

停止禁止部分

車は、この標示内に停止してはいけない。

路側帯《ろそくたい》

歩行者と軽車両《けいしゃりょう》は通行できる。幅が0.75メートルを超える場合は、標示内に入って駐停車できる。

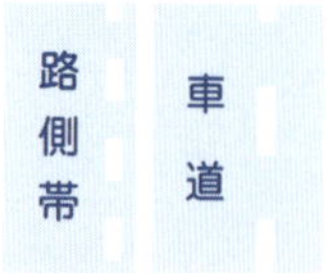

駐停車禁止路側帯

車は、標示内に入って駐停車できない。歩行者と軽車両は通行できる。

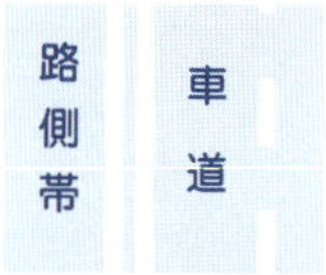

歩行者用路側帯

歩行者だけが通行できる。車は、標示内に入って駐停車できない。

専用通行帯

7時から9時まで、路面に示された車（路線バス等）の専用通行帯を表す。原動機付自転車、小型特殊自動車、軽車両は通行できる。

路線バス等優先通行帯

路線バス等の優先通行帯を表す。原動機付自転車、小型特殊自動車、軽車両は通行できる。

進行方向別通行区分

車は、方向別に指定された車両通行帯を通行しなければならない。

右左折の方法

右・左折の方法を表す。この場合、車が交差点を右折するときの方法を表す（矢印に従う）。

終わり

転回禁止区間の終わりであることを表す。

頻出厳選3問

Q4 ▶ 右の標示がある場所では、矢印のように道路の右側部分にはみ出して通行しなければならない。

Q5 ▶ 右図は、前方に横断歩道または自転車横断帯があることを表す標示である。

Q6 ▶ 右図は、標示のある道路を通行している車が、交差する道路の車より優先して通行できることを表す。

おもな指示標示の意味 ▶ 規制《きせい》標示に比べて数が**少ない**

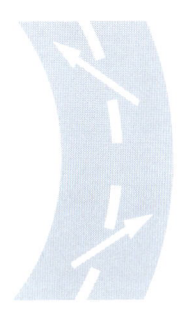

 **横断歩道** **横断歩道**（**歩行者が横断する**ための場所）であることを表す。	 **自転車横断帯** **自転車横断帯**（**自転車が横断する**ための場所）であることを表す。	 **右側通行** 車は、道路の中央から**右側部分にはみ出して**通行できることを表す。
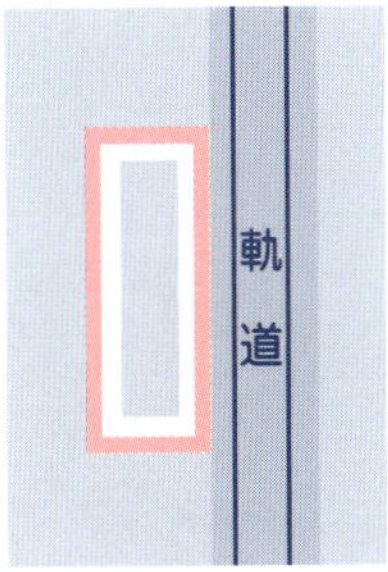 **安全地帯** **安全地帯**であることを表す。	 **横断歩道または自転車横断帯あり** 前方に**横断歩道**や**自転車横断帯**があることを表す。	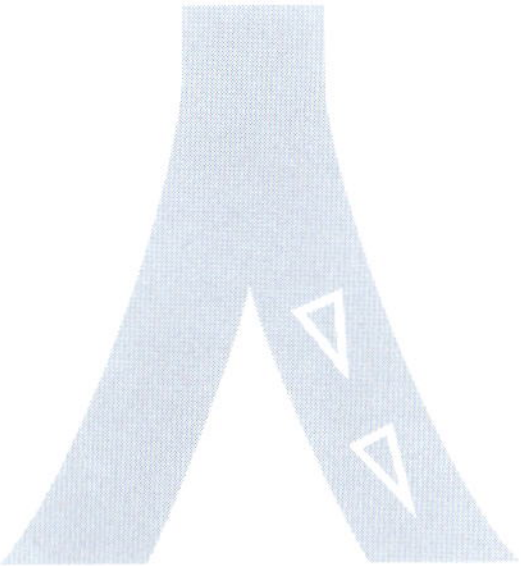 **前方優先道路** この標示がある道路と交差する前方の道路が**優先道路**であることを表す。

A4 ×　図は「**右側通行**」の標示ですが、右側部分に**はみ出してもよい**ことを表します。

A5 ○　図の標示は、「**横断歩道または自転車横断帯あり**」を表します。

A6 ×　図は「**前方優先道路**」の標示で、**前方の道路**が優先道路であることを表します。

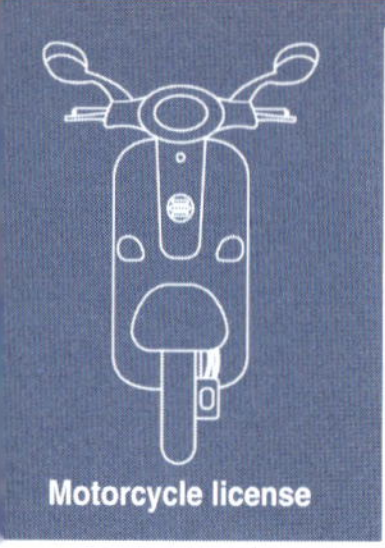

運転前に知っておくこと❽

乗車・積載の制限

乗車定員 ▶ 原動機付自転車の**二人乗り**は禁止

原動機付自転車の乗車定員は、運転者1人だけ。

原動機付自転車で**二人乗り**をしてはいけない。

重量制限 ▶ 荷物は**30**キログラムまで

原動機付自転車に積める荷物の重さは、30キログラム以下。

リヤカーをけん引《いん》しているときは、120キログラム以下。

頻出厳選3問

Q1 ▶ 原動機付自転車の乗車定員は運転者1人だけで、二人乗りをしてはならない。

Q2 ▶ 原動機付自転車の荷台に積載《せきさい》できる荷物の重量は、60キログラム以下である。

Q3 ▶ 原動機付自転車の荷台に積載できる荷物の高さは、地上から2メートル以下である。

大きさ、高さ制限と積み方 ▶ 高さは荷台からではなく、地上から2メートル以下

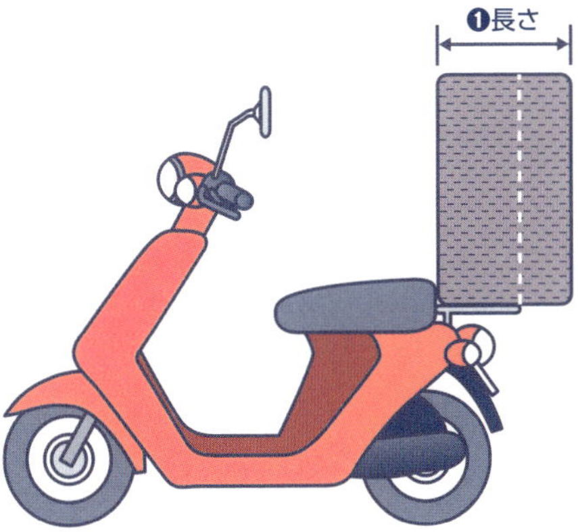

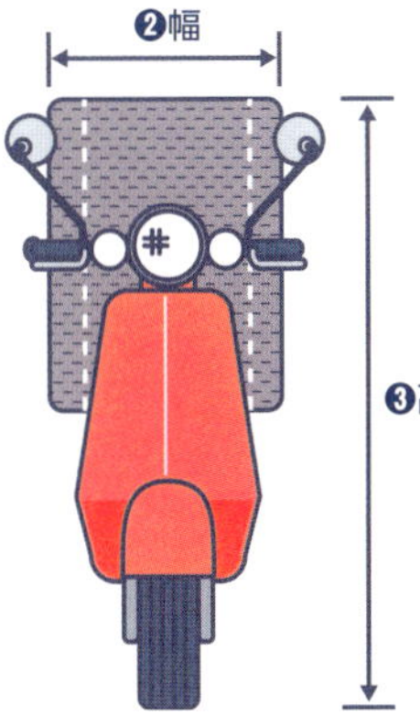

❶長さ …荷台から後方に0.3メートル以下。

❷幅……荷台から左右にそれぞれ0.15メートル以下。

❸高さ …地上から2メートル以下。

荷台に荷物を積むときは、落下《らっか》しないようにロープなどでしっかり固定する。

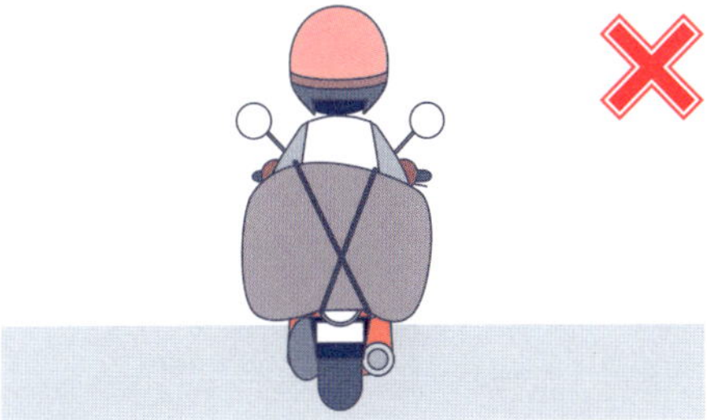

制動灯《せいどうとう》やナンバープレートなどが見えないような積み方をしてはいけない。

A1 ○ 原動機付自転車は例外なく、二人乗りをしてはいけません。

A2 × 原動機付自転車の荷台には、30キログラムまでしか荷物を積んではいけません。

A3 ○ 原動機付自転車には、地上から2メートルまでしか荷物を積んではいけません。

Motorcycle license

運転前に知っておくこと⑨

車の点検と保険制度

点検の時期 ▶ 整備不良車は運転禁止

運転者などが判断した適切な時期に、日常点検を行う。

日常点検で異常があったときは運転せずに、修理してから運転する。

運転席での点検内容 ▶ 「あそび」はブレーキが効《き》かない部分

ブレーキレバー・ペダル

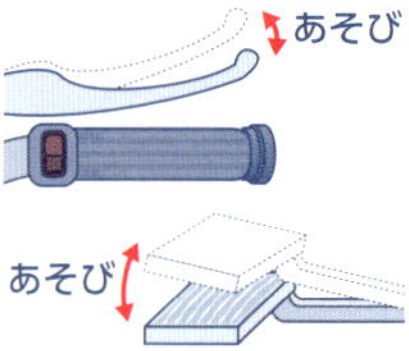

効きは十分か、適度な「あそび」はあるか。

アクセルグリップ

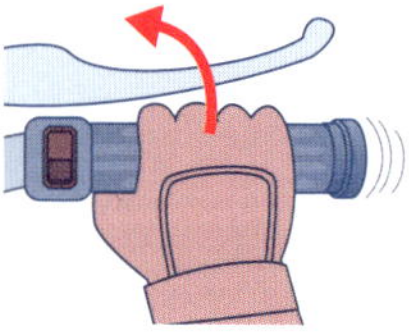

スムーズに回るか、異音はしないか。

ハンドル

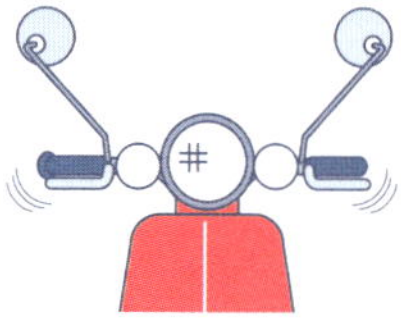

ガタはないか、重くないか、スムーズに動くか。

バックミラー

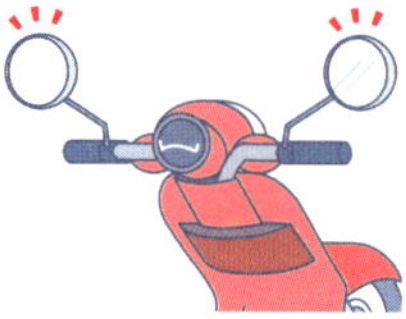

破《は》損《そん》はないか、後方が見えるように調整されているか。

頻出厳選3問

Q1 ▶ 原動機付自転車の運転前に前照灯《ぜんしょうとう》がつかないことがわかったが、昼間だったので、そのまま原動機付自転車を運転した。

Q2 ▶ ブレーキレバーにあそびがあってはならない。

Q3 ▶ 二輪車のチェーンは、ゆるみすぎていたり、張りすぎていたりしてはならない。

車のまわりからの点検内容 ▶ 空気圧は高すぎても、低すぎてもよくない

車体

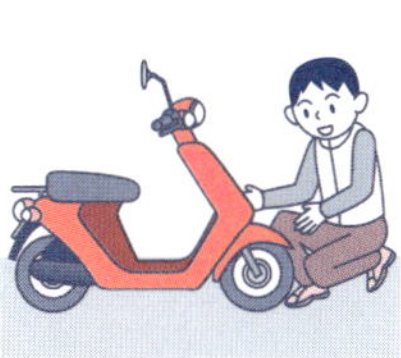

ボルト類はゆるんでいないか。

車輪

ガタはないか、ゆがみはないか。

タイヤ

空気圧は適正か、異常なすり減りはないか（溝《みぞ》の確認）、亀裂《きれつ》はないか。

前照灯《ぜんしょうとう》

点灯するか、明るさは適正か。

制動灯《せいどうとう》

ブレーキをかけると点灯するか。

方向指示器

点滅するか。

チェーン

ゆるみすぎ、張りすぎはないか。

マフラー

完全に取り付けられているか、破損はないか。

保険への加入 ▶ 強制《きょうせい》保険は自賠責《じばいせき》保険または責任共済のこと

原動機付自転車は、強制保険（自賠責保険または責任共済）に加入しなければならない。

万一の事故に備えて、任意《にんい》保険にも加入しておくほうが安心。

A1	×	昼間でも前照灯をつけなければならない場合があるので、そのような車を運転してはいけません。
A2	×	ブレーキレバーには適度なあそび（握ってもブレーキが効《き》かない部分）が必要です。
A3	○	二輪車のチェーンには、適度なゆるみが必要です。

Motorcycle license

運転前に知っておくこと⑩

正しい運転姿勢と服装

正しい運転姿勢《しせい》 ▶ 前かがみになりすぎると前方が見えずに危険

❶視線……… 前方の先のほうへ向け、障害物《しょうがいぶつ》を早く発見するように努める。

❷肩・ひじ … 肩の力を抜き、ひじをわずかに曲げる。

❸背………… 背すじを伸ばし、前かがみになりすぎない。

❹手………… 手首を下げ、ハンドルを前に押すようにグリップを軽く持つ。

❺ひざ ……… 両ひざを外側に開きすぎない。タンクのある二輪車は、両ひざでタンクを軽く挟《はさ》む(ニーグリップ)。

❻足………… ステップに土踏まずをのせ、足裏が水平になるようにし、足先を前方に向ける。

頻出厳選3問

Q1 ▶ 二輪車を運転するときはヘルメットをかぶらなければならないので、工事用安全帽《ほう》をかぶった。

Q2 ▶ 二輪車を運転するときの服装は、つねに長そで·長ズボンがよい。

Q3 ▶ 二輪車を運転するときは、肩や腕に力を入れ、ひじはまっすぐ伸ばす姿《し》勢《せい》がよい。

運転にふさわしい服装 ▶ 工事用安全帽《ぼう》での運転は禁止

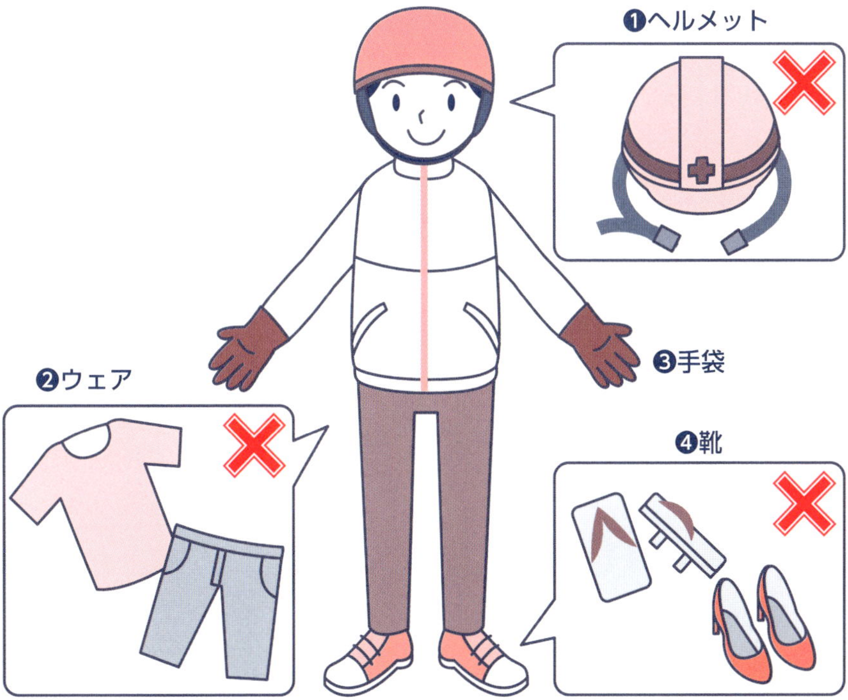

❶ヘルメット … PS(c)マークやJISマークの付いた乗車用ヘルメットをかぶる。工事用安全帽は乗車用ヘルメットにはならない。

❷ウェア …… 転倒《てんとう》したときのことを考えて、体の露出《ろしゅつ》が少ない長そで・長ズボンのものを着用する(できるだけプロテクターも着用)。周囲から見落とされないように、視認性《しにんせい》のよいもので運転する。

❸手袋……… グリップが滑《すべ》らない革製のものがよい。

❹靴《くつ》………… 運転の妨《さまた》げとなるゲタやハイヒールは避《さ》け、運動靴や乗車用ブーツをはく。

A1	✕	工事用安全帽は乗車用ヘルメットではないので、運転してはいけません。
A2	○	転倒《てんとう》したときの被害を軽減《けいげん》するためにも、つねに長そで・長ズボンで運転します。
A3	✕	肩や腕の力を抜き、ひじは内側に軽く曲げます。

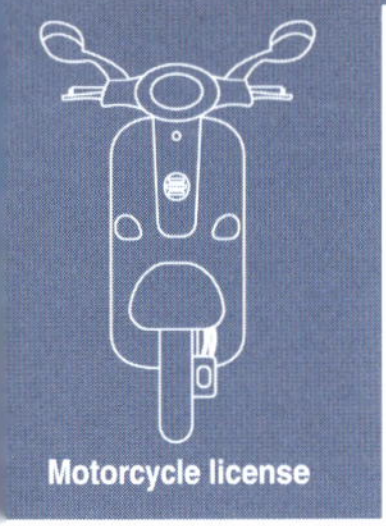

視覚の特性と車に働く力

視覚の特性 ▶ 速度が上がるほど**近く**が見えにくい

速度と視力

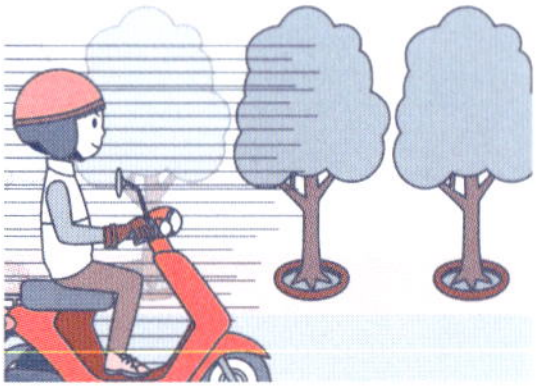

視力は速度が上がるほど**低下**し、とくに**近くのもの**が見えにくくなる。

速度と視野《しや》

視野は速度が上がるほど**狭《せま》く**なる。

走行中の視点

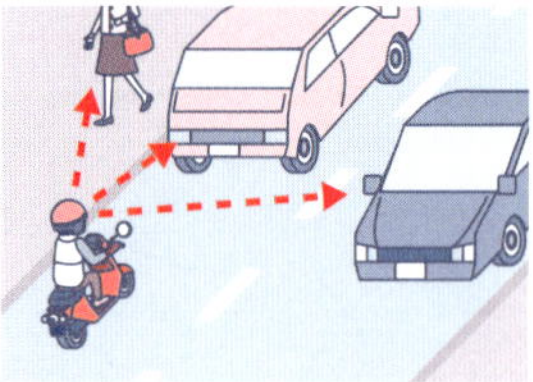

一点だけを注視《ちゅうし》せず、絶《た》えず**前方**や**周囲**の状況《じょうきょう》に目を配《くば》る。

疲労の影響《えいきょう》

運転の疲労は、**目**にもっとも強く現れる。

明るさの変化と視力

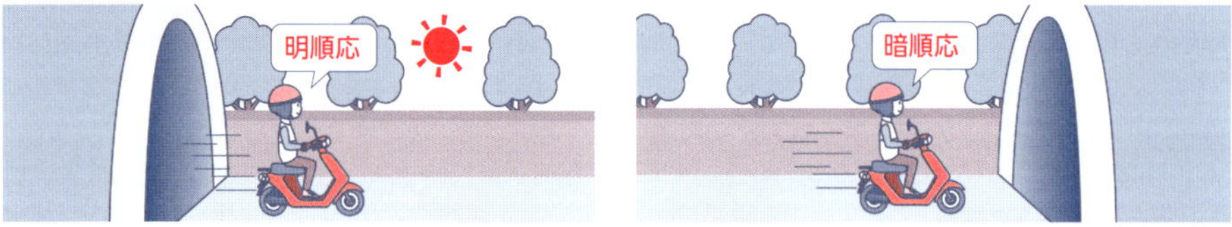

明るさが急に変わると、視力は一時急激に**低下**する。暗いところから明るいところに出たときの反応を「**明順応《めいじゅんのう》**」、明るいところから暗いところに入ったときの反応を「**暗順応《あんじゅんのう》**」という。

頻出厳選3問

Q1 ▶ 走行中の速度が上がるほど視力は低下し、とくに遠くのものが見えにくくなる。

Q2 ▶ 走行中は前方の一点を注視《ちゅうし》したほうが、より安全に運転することができる。

Q3 ▶ 走行中の車にかかる遠心力《えんしんりょく》は、速度の二乗《じょう》に比例して大きくなる。

走行中の車に働く力 ▶ 遠心力《えんしんりょく》・衝撃力《しょうげきりょく》は速度の二乗《じょう》に比例して大きくなる

遠心力の影響

カーブの外側に飛び出そうとする力で、速度の二乗に比例して大きくなる。

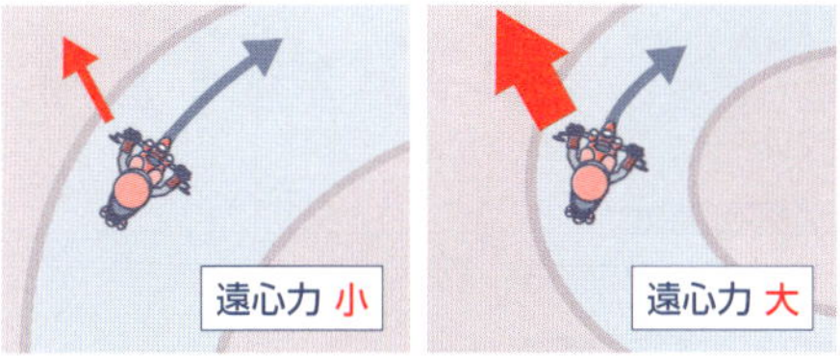

カーブの半径が小さくなる（急になる）ほど、遠心力は大きくなる。

衝撃力の影響

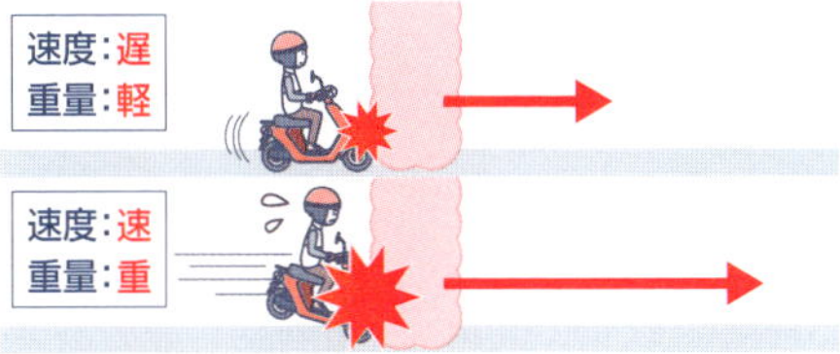

ものが衝突《しょうとつ》したときに生じるエネルギーで、速度の二乗に比例して大きくなる。

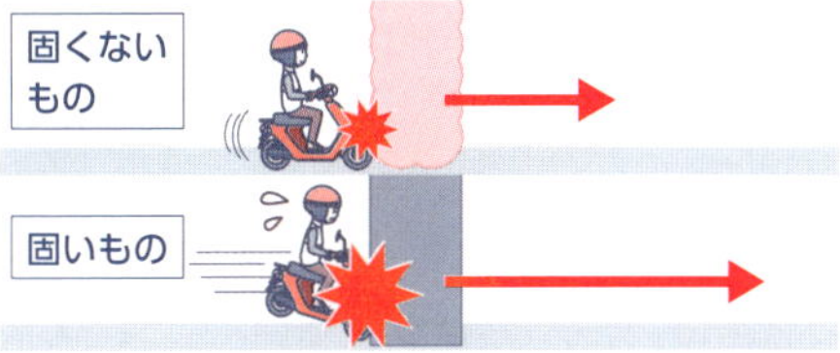

固いものにぶつかるなど、衝撃の作用が短時間で行われるほど、衝撃力は大きくなる。

摩《ま》擦力《さつりょく》の影響

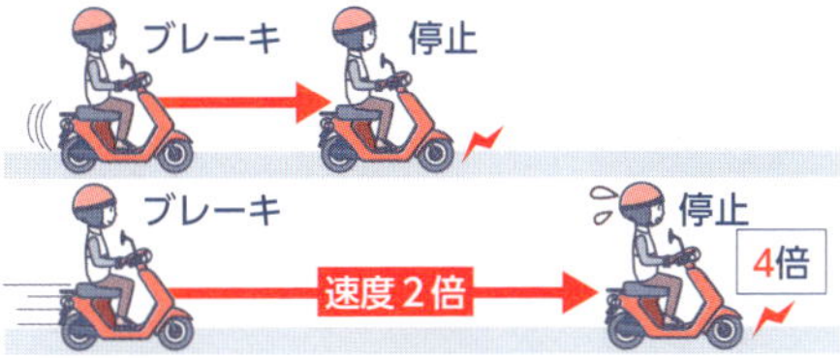

路面とタイヤによって生じる抵抗力《ていこうりょく》で、制動《せいどう》距離（ブレーキが効《き》き始めてから車が停止するまでの距離）は速度の二乗に比例して大きくなる。

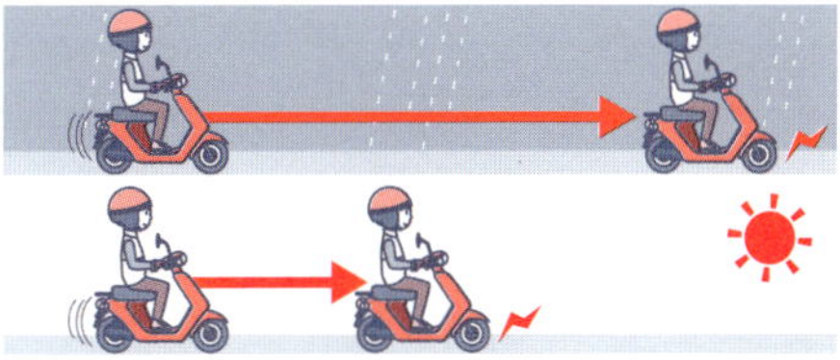

濡《ぬ》れたアスファルト路面では、乾《かわ》いた場合より摩擦抵抗が小さくなり、制動距離が長くなる。

A1	✕	速度が上がると、とくに近くのものが見えにくくなります。
A2	✕	一点を注視するのではなく、絶《た》えず前方や周囲の交通に目を配《くば》りながら運転するのが安全です。
A3	○	遠心力はカーブの外側に飛び出そうとする力で、速度の二乗に比例して大きくなります。

道路の通行方法❶

車が通行するところ

車の通行場所 ▶ 原動機付自転車は、原則として**もっとも左**側を通行

自動車や原動機付自転車は、原則として**車道**を通行する。

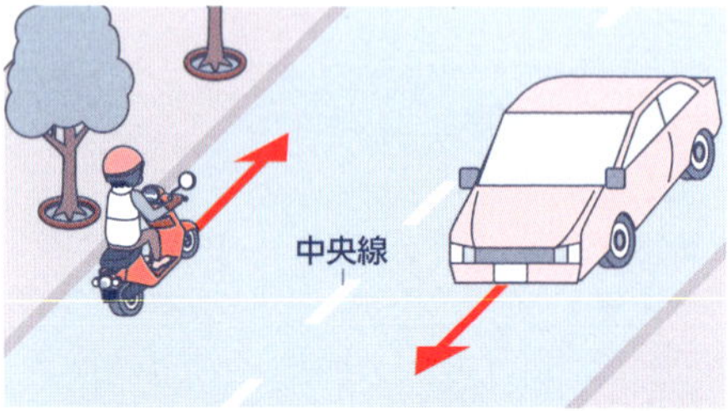

自動車や原動機付自転車は、車両通行帯がない道路では、原則として道路の**左**側部分の**左**寄りを通行する。

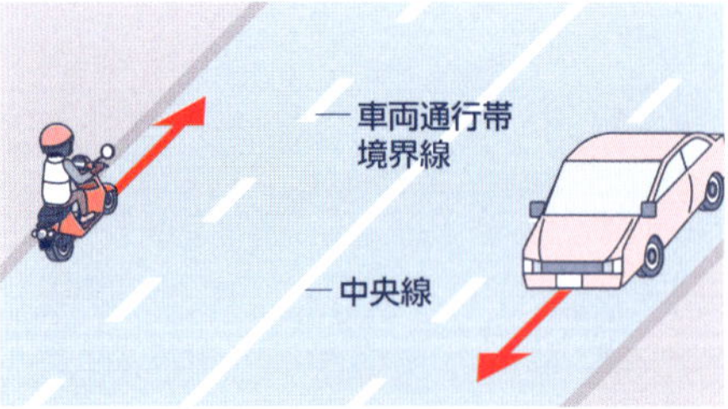

自動車や原動機付自転車は、車両通行帯が2つある道路では、右側部分は**追い越し**などのためにあけておき、**左**側の通行帯を通行する。

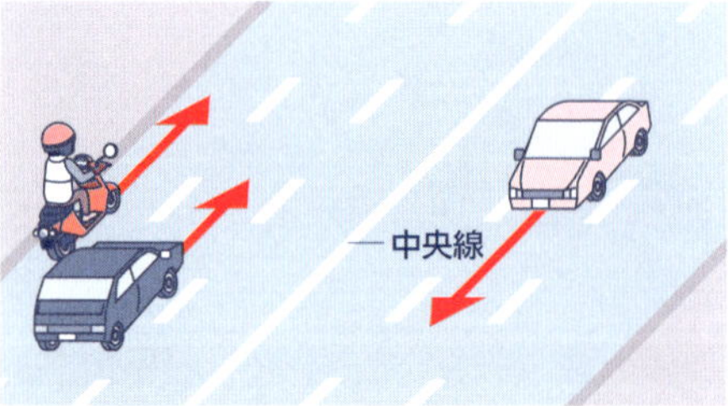

原動機付自転車は、車両通行帯が3つ以上ある道路では、原則として**もっとも左**側の通行帯を通行する。

頻出厳選3問

Q1 ▶ 同一方向に2つの車両通行帯がある道路では、左側の通行帯を通行するのが原則である。

Q2 ▶ 一方通行の道路では、道路の中央から右側部分にはみ出して通行できるが、はみ出し方を最小限にしなければならない。

Q3 ▶ 片側の幅が6メートル未満の見通しのよい道路で追い越しをするときは、道路の中央から右側部分にはみ出して通行することができる(禁止場所や場合を除く)。

右側にはみ出して通行できるとき ▶ はみ出し追い越しは片側6メートル未満

1

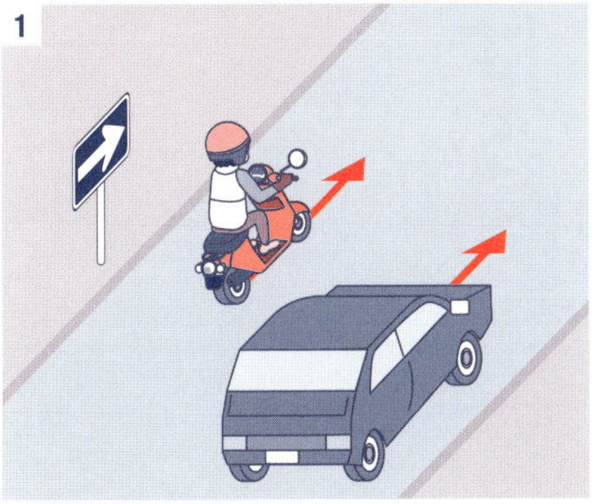

一方通行の道路。

2

左側部分だけでは通行できないときや、道路工事などでやむを得ないとき。

3

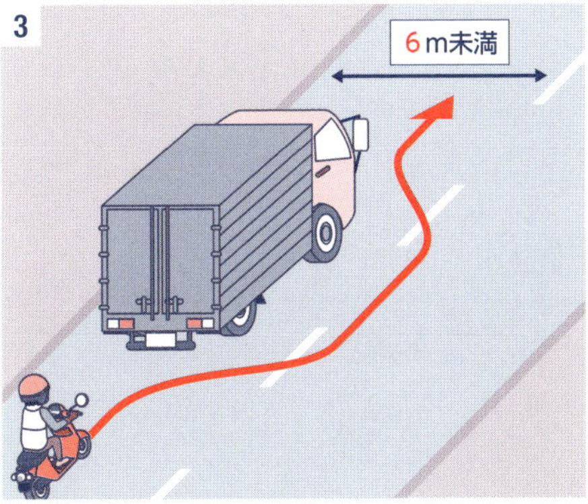

片側6メートル未満の見通しのよい道路で追い越しをするとき（禁止場所を除く）。

4

「右側通行」の標示があるとき。

＊1以外は、はみ出し方をできるだけ少なく（最小限に）する。

A1 ○ 右側の通行帯は追い越しなどのためにあけておき、左側の通行帯を通行します。

A2 × 一方通行の道路は対向車がないので、はみ出し方を最小限にする必要はありません。

A3 ○ 片側6メートル未満の見通しのよい道路では、原則として右側部分にはみ出して追い越しできます。

道路の通行方法❷

車が通行してはいけないところ

車の通行禁止場所 ▶ 歩道や路側帯《ろそくたい》は横切る前に**一時停止**

標識や標示で通行が禁止されている場所

通行止め

車両通行止め

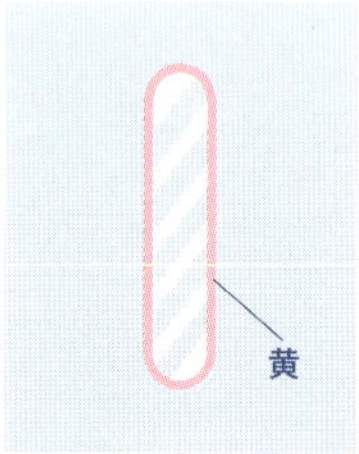

立入り禁止部分

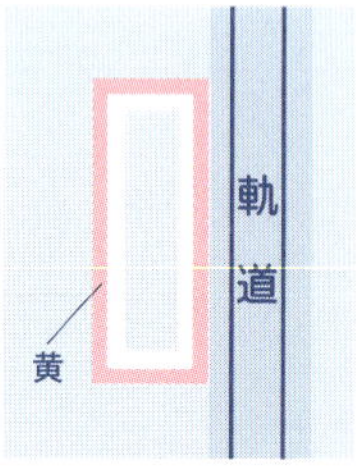

安全地帯

歩道や路側帯 ＊軽車両《けいしゃりょう》が通行できる一部の路側帯を除く

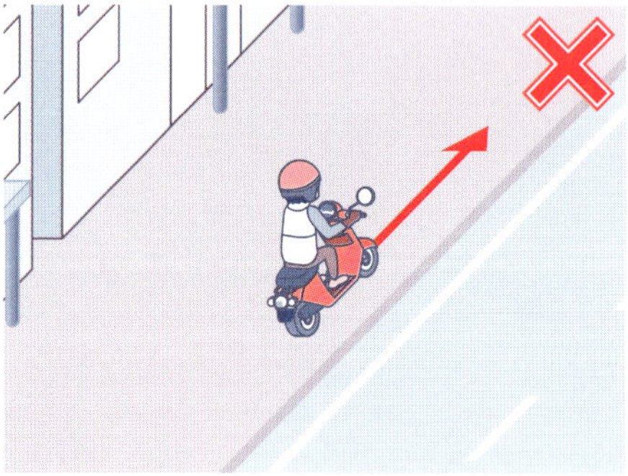

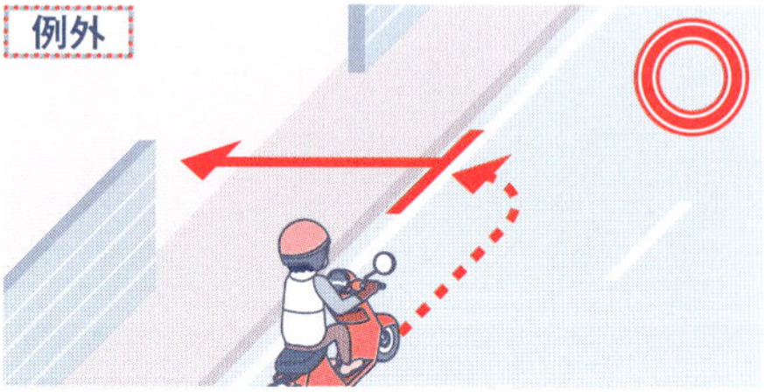

道路に面した場所に出入りするために**横切る**ことはできる。その場合は、歩行者の**有無**《うむ》にかかわらず、その直前で**一時停止**しなければならない。

頻出厳選3問

Q1 ▶ 原動機付自転車は車体が小さいので、速度を落とせば路側帯《ろそくたい》を通行してもよい。

Q2 ▶ 歩行者専用道路は歩行者しか通行できないが、とくに通行を認められた車は、徐行《じょこう》して通行することができる。

Q3 ▶ 車は軌道敷内《きどうしきない》を通行してはならないが、追い越しをするときは例外として軌道敷内を通行することができる。

歩行者専用道路

とくに通行を認められた車（沿道《えんどう》に車庫があるなど）は通行できる。その場合は、歩行者に注意して徐行《じょこう》しなければならない。

軌道敷内《きどうしきない》

危険防止のため、やむを得ないとき。

右·左折や横断、転回《てんかい》するため、軌道敷を横切るとき。

左側部分だけでは通行できないとき。

A1 ✕ 路側帯は横切るときを除き、原動機付自転車でも通行できません。

A2 ○ 沿道に車庫がある場合などで許可を受けた車は、徐行して通行できます。

A3 ✕ 軌道敷内は、やむを得ない場合や右折·左折・横断・転回《てんかい》では通行できますが、追い越しでは通行できません。

道路の通行方法❸

歩行者や自転車の保護

歩行者や自転車のそばを通るとき ▶ 安全な間隔《かんかく》をあけるか徐行《じょこう》

安全な間隔をあける。

安全な間隔をあけることができないときは徐行する。

安全地帯のそばを通るとき ▶ 歩行者がいるときだけ徐行

歩行者がいるときは徐行する。

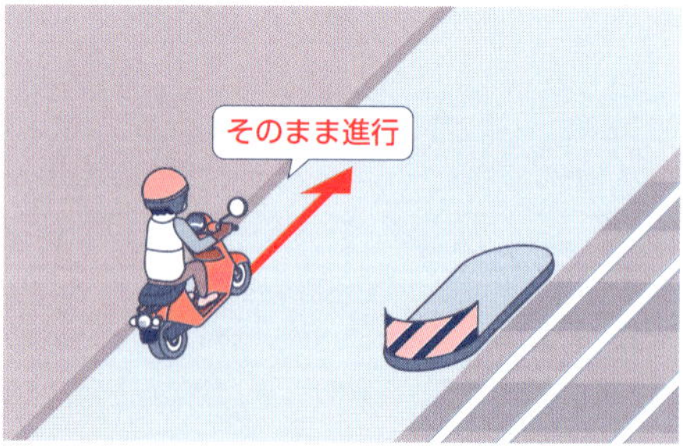

歩行者がいないときはそのまま進める。

頻出厳選3問

Q1 ▶ 原動機付自転車で歩行者のそばを通るときは、つねに徐行《じょこう》しなければならない。

Q2 ▶ 安全地帯のそばを通る原動機付自転車は、歩行者の有無《うむ》にかかわらず、徐行しなければならない。

Q3 ▶ 安全地帯のある停留所に停止中の路面電車に追いついた場合、乗り降りする人がいても、徐行して通行することができる。

路面電車が停留所で停止しているとき ▶ 安全地帯があれば徐行して進める

乗降客がいなくなるまで、路面電車の後方で停止して待つ。

安全地帯があるときは徐行して進める。

安全地帯がなく乗降客がいないときで、路面電車と1.5メートル以上の間隔がとれるときは徐行して進める。

その他の注意点 ▶ 泥《どろ》はね、騒音《そうおん》運転はダメ

水たまりやぬかるみを通行するときは、歩行者に水や泥をはねないように、徐行などをして注意する。

急発進、急加速、から吹《ぶ》かしなど、周囲の人に迷惑《めいわく》をおよぼす騒音を生じさせる運転をしてはいけない。

歩行者になる人

1 ▸ 道路を通行している人
2 ▸ 小児用の車で通行している人
3 ▸ 乳母車《うばぐるま》を押している人
4 ▸ 二輪車のエンジンを止め、押して歩いている人（側車付きのもの、けん引《いん》している場合を除く）。
5 ▸ 身体障害者《しょうがいしゃ》用の車いすや歩行補助車で通行している人

A1 × 歩行者と安全な間隔《かんかく》がとれれば、徐行の必要はありません。

A2 × 安全地帯に歩行者がいない場合は、徐行の必要はありません。

A3 ○ 安全地帯がある停留所では、乗降客の有無にかかわらず、徐行して進めます。

道路の通行方法❹

横断歩道などを通行するとき

横断歩道・自転車横断帯に近づいたとき ▶ 横断者などがいるときは**一時停止**

横断する歩行者や自転車が明らかにいないときは、**そのまま**進める。

横断する歩行者や自転車がいるか、いないか明らかでないときは、**停止位置で止まれる**ように速度を落として進む。

横断している、または横断しようとしている歩行者や自転車がいるときは、**停止位置で一時停止**して道を譲《ゆず》る。

横断歩道・自転車横断帯の標識・標示

横断歩道

自転車横断帯

横断歩道・自転車横断帯

頻出厳選3問

Q1 ▶ 横断歩道や自転車横断帯に近づいたとき、横断する歩行者や自転車が明らかにいない場合でも、その直前で停止できるように速度を落とさなければならない。

Q2 ▶ 横断歩道や自転車横断帯の直前に停止している車に追いついたときは、その前方に出る前に一時停止しなければならない。

Q3 ▶ 横断歩道や自転車横断帯とその手前30メートル以内の場所は、追い越し・追い抜きともに禁止されている。

4

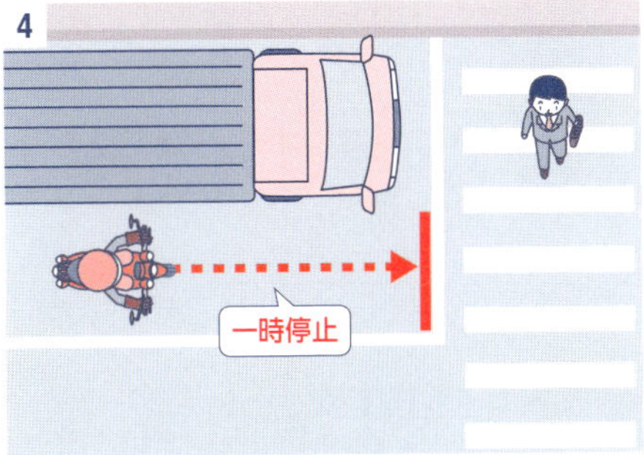

横断歩道や自転車横断帯の直前に停止している車があるときは、そのそばを通って前方に出る前に一時停止して、安全を確認しなければならない。

5

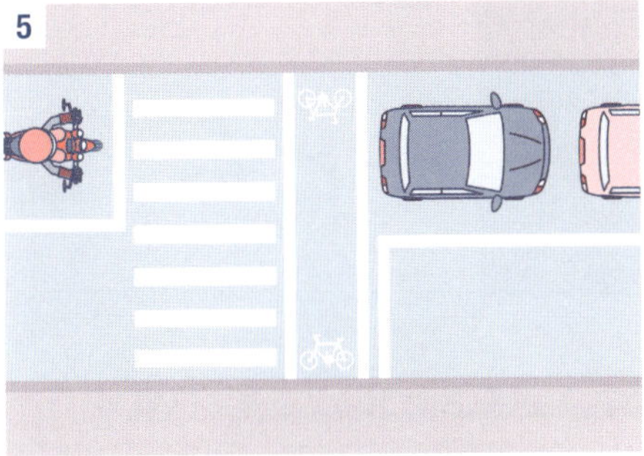

横断歩道や自転車横断帯の先が渋滞《じゅうたい》していて、そのまま進むと標示内で止まってしまうおそれがあるときは、その手前で停止していなければならない。

その他の注意点 ▶ **横断歩道や自転車横断帯は追い越しや追い抜き、駐停車禁止**

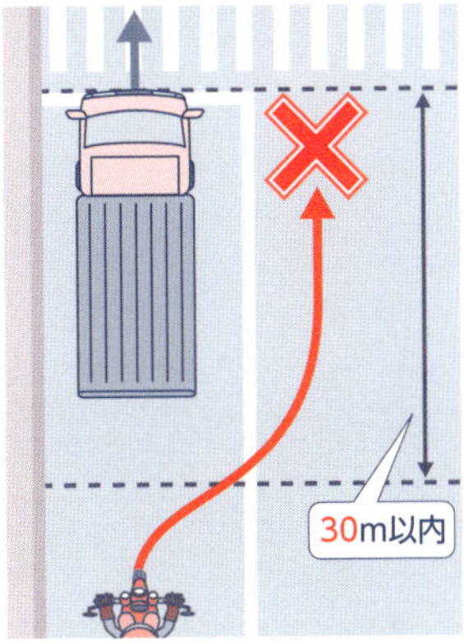

横断歩道や自転車横断帯と、その手前30メートル以内の場所は、追い越しだけでなく、追い抜きも禁止されている。

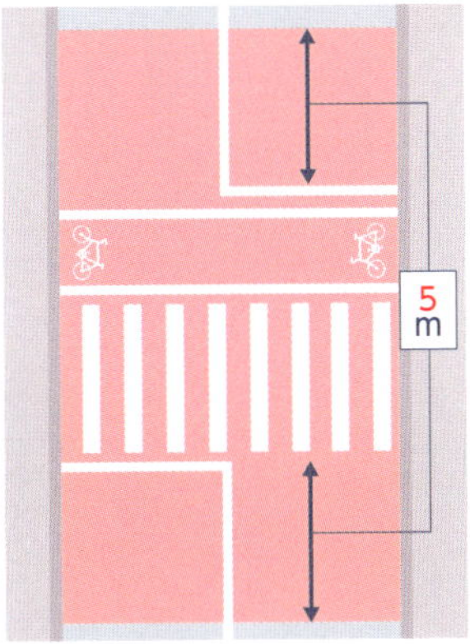

横断歩道や自転車横断帯と、その端から前後5メートル以内の場所は、駐車や停車が禁止されている。

横断歩道のない交差点やその近くを歩行者が横断しているときは、その通行を妨《さまた》げてはいけない。

A1 ✕ 横断する歩行者などが明らかにいない場合は、そのまま進むことができます。

A2 ○ 停止車両のかげから歩行者などが横断してくる場合があるので、一時停止して安全を確かめます。

A3 ○ 設問の場所は、追い越しだけでなく、追い抜きも禁止されています。

子ども、高齢者などの保護

一時停止か徐行《じょこう》して保護する人 ▶ 安全に通行できるようにする

1

1人で歩いている**子ども**。

2

身体障害者《しょうがいしゃ》用の**車いす**で通行している人。

3

盲導犬《もうどうけん》を連れて歩いている人。

4

白または**黄**色のつえを持った人。

5

通行に支障《ししょう》がある**高齢者**など。

児童や園児などの保護 ▶ 道路への急な飛び出しに注意

児童や園児の乗り降りのために停止中の通学・通園バスのそばを通るときは、**急な飛び出し**などに備え、**徐行**しなければならない。

学校、幼稚園などの近くは、子どもが**急に飛び出してくる**ことがあるので、とくに**注意**して運転する。

頻出厳選3問

Q1 ▶ 身体障害者《しょうがいしゃ》用の車いすで通行している人に対しては、つねに一時停止して保護しなければならない。

Q2 ▶ 児童や園児などの乗り降りのために停止中の通学・通園バスのそばを通るときは、後方で一時停止して安全を確認しなければならない。

Q3 ▶ 高齢者マークを表示した車は保護しなければならないので、側方への幅寄せや前方への割り込みをしてはならない。

マークを付けた車の保護 ▶ 幅寄せ・割り込み禁止

❶〜❺のマークを付けた車に対する側方への幅寄せ、前方への無理な割り込みは禁止（初心者マークを付けた準中型自動車を除く）。

❶初心者《しょしんしゃ》マーク（初心運転者標識）

普通免許または準中型免許（例外あり）を取得して1年未満の初心運転者が、普通自動車を運転するときに付けるマーク。

❷高齢者マーク（高齢運転者標識）

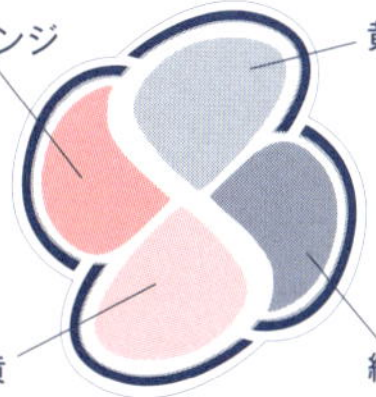

70歳以上の高齢運転者が、普通自動車を運転するときに付けるマーク。

❸身体障害者マーク（身体障害者標識）

身体に障害があることを条件に免許を受けている人が、普通自動車を運転するときに付けるマーク。

❹聴覚《ちょうかく》障害者マーク（聴覚障害者標識）

聴覚に障害があることを条件に免許を受けている人が、普通自動車を運転するときに付けるマーク。

❺仮《かり》免許練習標識

自動車の運転練習や試験を受けるために運転している人が付ける標識。

A1 ✕ 一時停止または徐行《じょこう》をして、車いすの人が安全に通行できるように努めます。

A2 ✕ 安全を確認しなければなりませんが、徐行でかまいません。

A3 ○ 高齢者マークの車は70歳以上の人が運転しているので、幅寄せや割り込みをしてはいけません。

道路の通行方法❻

緊急自動車、路線バス等の優先

緊急《きんきゅう》自動車への進路の譲《ゆず》り方 ▶ 左側に寄って譲るのが基本

交差点やその付近で緊急自動車が近づいてきたとき

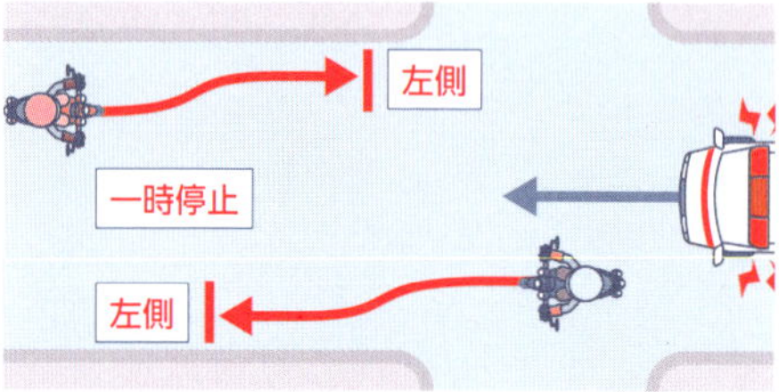

交差点を避《さ》け、道路の左側に寄って一時停止する。

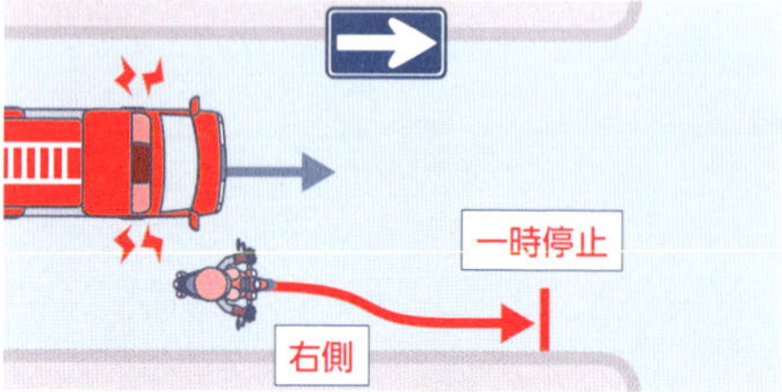

一方通行の道路で、左側に寄るとかえって緊急自動車の妨《さまた》げになるときは、交差点を避け、道路の右側に寄って一時停止する。

交差点やその付近以外で緊急自動車が近づいてきたとき

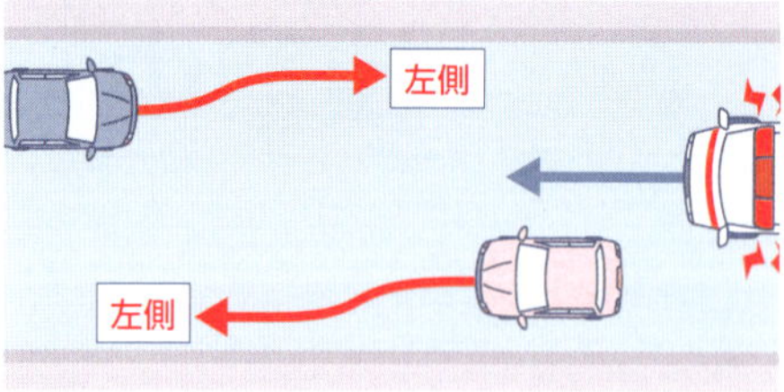

道路の左側に寄る。

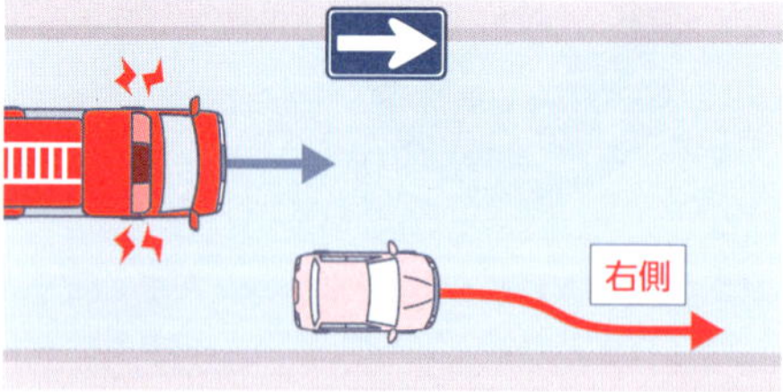

一方通行の道路で、左側に寄るとかえって緊急自動車の妨げになるときは、道路の右側に寄る。

頻出厳選3問

Q1 ▶ 交差点内を通行中、緊急《きんきゅう》自動車が近づいてきたときは、その場で停止しなければならない。

Q2 ▶ 一方通行の道路で緊急自動車に進路を譲《ゆず》るときは、必ず道路の右側に寄らなければならない。

Q3 ▶ 路線バス等優先通行帯を通行中の原動機付自転車が路線バスに進路を譲るときは、道路の左側に寄ればよい。

バスの発進妨害《ぼうがい》の禁止 ▶ 原則として**路線バス**が優先

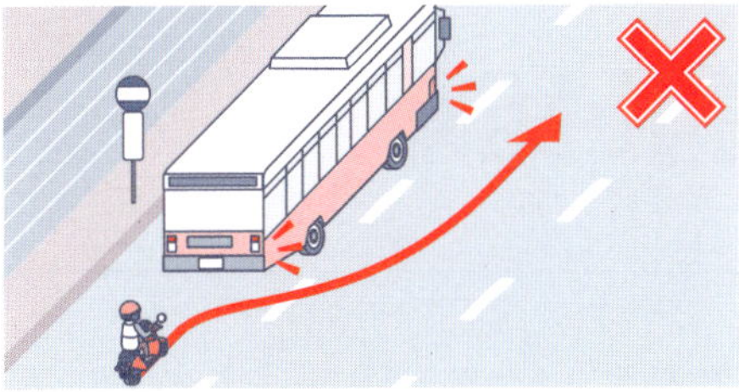

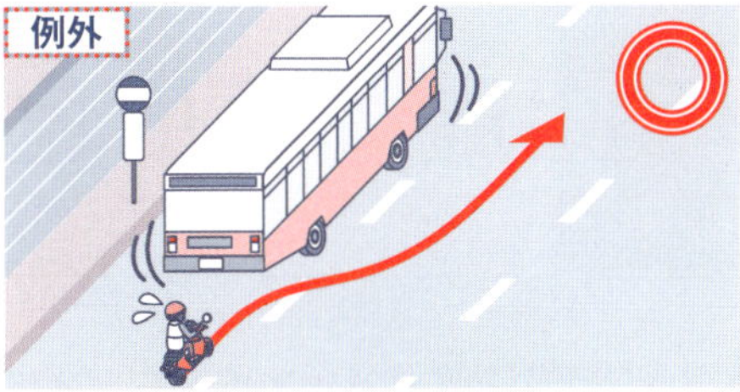

停留所で停止中の路線バスが発進の合図をしたときは、原則として**その発進**を妨げてはならない。

急ハンドルや**急ブレーキ**で避けなければならないときは、先に進める。

路線バス等の専用通行帯・優先通行帯では ▶ **原動機付自転車**も通行できる

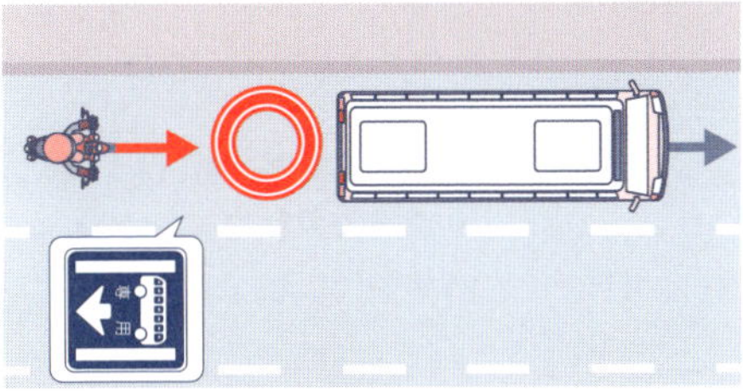

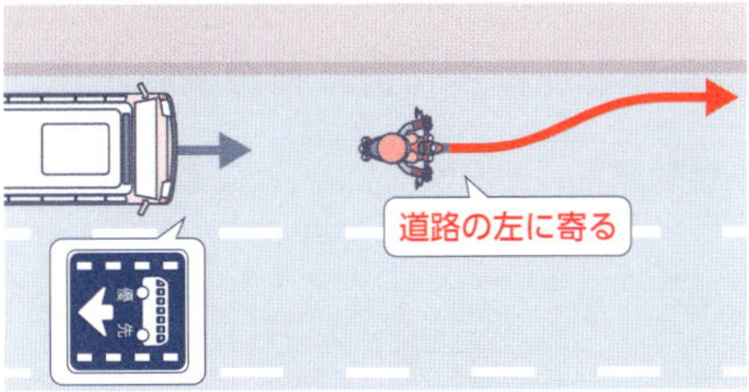

原動機付自転車、**小型特殊自動車**、**軽車両《けいしゃりょう》**は、路線バス等の専用通行帯を通行できる。

車は、**路線バス等優先通行帯**を通行できる。路線バス等が近づいてきても、原動機付自転車は道路の**左**に寄って進路を譲ればよい。

「緊急自動車」とは？

緊急用務のために運転中の消防用自動車、救急用自動車、公安委員会が指定した自動車などをいう。

「路線バス等」とは？

路線バスのほか、**通学・通園**バス、公安委員会が指定した自動車をいう。

A1 ✕ **交差点**を出て、道路の**左**側に寄って**一時停止**しなければなりません。

A2 ✕ 右側に寄るのは、**左**側に寄ると緊急自動車の進行の妨《さまた》げになるときだけです。

A3 ○ 原動機付自転車は、**他の通行帯に移る**必要はなく、道路の**左**側に寄って進路を譲ります

道路の通行方法⑦

最高速度と停止距離

最高速度の種類 ▶ 法定速度と規制《きせい》速度がある

法定速度	標識や標示で最高速度が指定されていない道路での最高速度のこと。
規制速度	標識や標示で最高速度が指定されている道路での最高速度のこと。

自動車と原動機付自転車の法定速度

自動車	原動機付自転車	リヤカーをけん引《いん》している原動機付自転車
時速60キロメートル	時速30キロメートル	時速25キロメートル

最高速度の標識・標示の意味

最高速度時速50キロメートルの標識・標示	最高速度時速30キロメートルの標識・標示

●自動車の最高速度：時速50キロメートル ●原動機付自転車の最高速度：時速30キロメートル	●自動車の最高速度：時速30キロメートル ●原動機付自転車の最高速度：時速30キロメートル

頻出厳選3問

Q1 ▶ 原動機付自転車の法定速度は、時速30キロメートルである。

Q2 ▶ リヤカーを1台けん引《いん》しているときの原動機付自転車の法定速度は、時速30キロメートルである。

Q3 ▶ 車の停止距離は、空走《くうそう》距離から制動《せいどう》距離を引いた距離である。

車の停止距離 ▶ 空走《くうそう》距離と制動《せいどう》距離を合わせた距離

空走距離

運転者が危険を感じてブレーキをかけ、実際にブレーキが効《き》き始めるまでに車が走る距離のこと。

＋

制動距離

ブレーキが効き始めてから車が停止するまでの距離のこと。

＝

停止距離

空走距離と制動距離を合わせた距離のこと。

停止距離が長くなるとき ▶ 路面の状況《じょうきょう》、タイヤの状態に影響《えいきょう》される

1

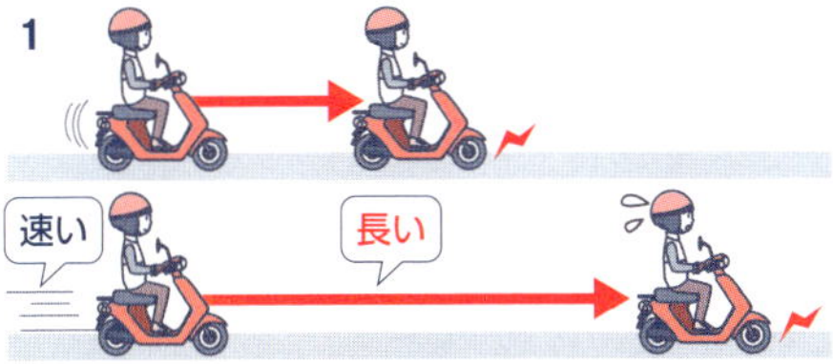

速度が上がると、停止距離が長くなる。

2

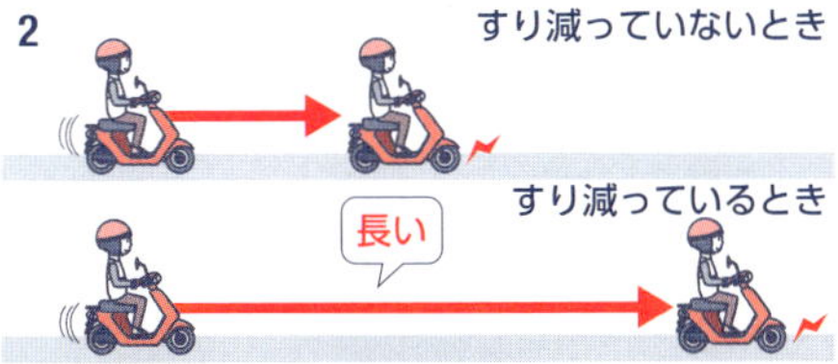

濡《ぬ》れた路面、またはすり減ったタイヤでの走行は、停止距離が長くなる。

3

運転者が疲れてくると、空走距離が長くなる。

4

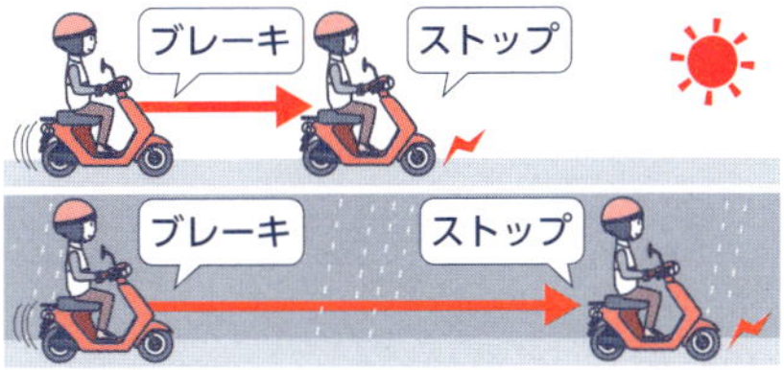

濡れた路面、または重い荷物を積んでの走行は、制動距離が長くなる。

A1 ○ 法定速度（標識や標示で最高速度が指定されていないときの最高速度）は、時速30キロメートルです。

A2 × 設問の場合の原動機付自転車の法定速度は、時速25キロメートルです。

A3 × 空走距離と制動距離を足した距離が停止距離になります。

道路の通行方法❽

徐行の意味と徐行が必要なところ

Motorcycle license

徐行《じょこう》の意味 ▶ すぐに停止できるような速度で進むこと

徐行	車がすぐに停止できるような速度で進行すること。目安になる速度は、ブレーキをかけてからおおむね1メートル以内で停止できる、時速10キロメートル以下。

徐行場所 ▶ こう配《ばい》の急な坂は下りだけ徐行場所

1

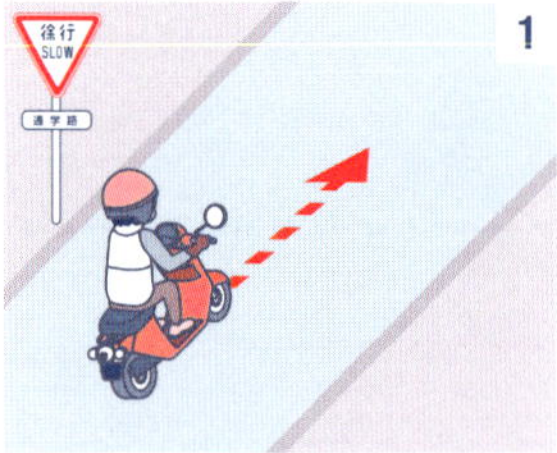

「徐行」の標識がある場所。

2

左右の見通しのきかない交差点。

例外1

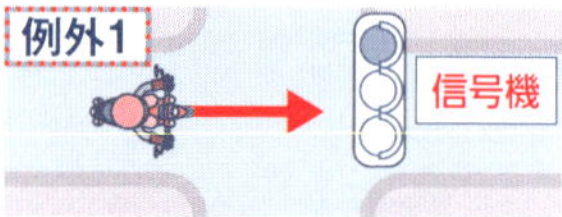

交通整理が行われているとき。

例外2

優先道路を通行しているとき。

3

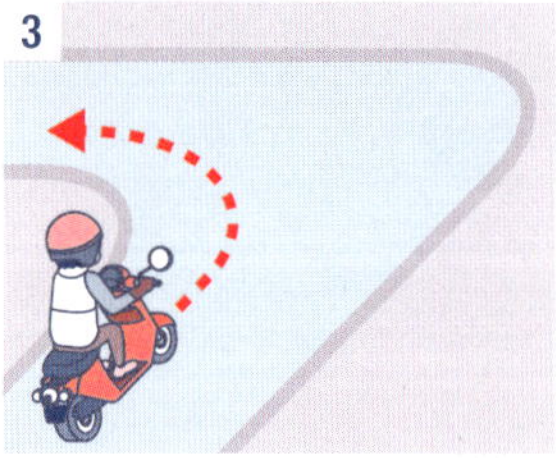

道路の曲がり角付近。

4

上り坂の頂上付近。

5

こう配の急な下り坂。

頻出厳選3問

Q1 ▶ 徐行《じょこう》とは、車がすぐ停止できるような速度で進行することをいい、ブレーキをかけてから1メートル以内で停止できる速度とされている。

Q2 ▶ 道路の曲がり角付近は、見通しのきかない場合に限り、徐行しなければならない。

Q3 ▶ こう配《ばい》の急な坂は、上りも下りも徐行場所に指定されている。

徐行が必要な場合 ▶ 右・左折するときはつねに徐行

1

許可を受けて**歩行者専用道路**を通行するとき。

2

歩行者などの側方を通過するときに、**安全な間隔《かんかく》**がとれないとき。

3

道路外に出るため、**右折**や**左折**するとき。

4

安全地帯がある停留所で停止中の路面電車の側方を通過するとき。

5
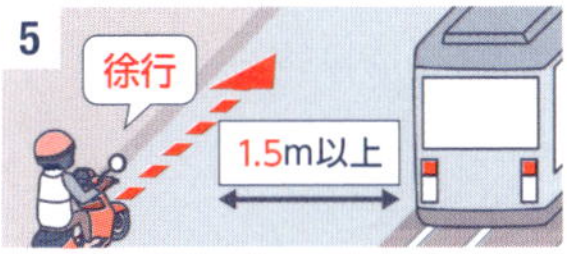

安全地帯がない停留所で**乗降客**がいない場合で、路面電車との間に**1.5**メートル以上の間隔《かんかく》がとれるとき。

6
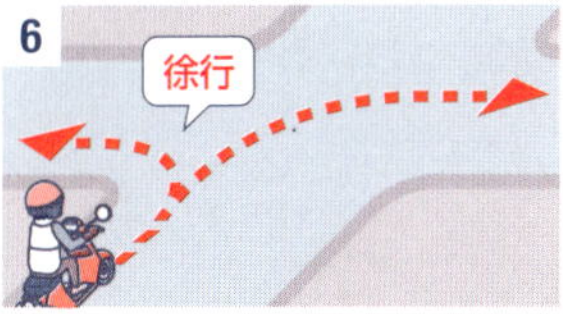

交差点で**右折**や**左折**するとき。

7

優先道路に入ろうとするとき。

8
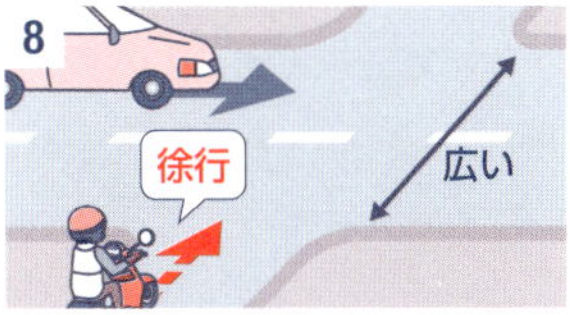

幅が広い道路に入ろうとするとき。

9

ぬかるみや**水たまり**のある場所を通行するとき(**徐行**など)。

10

身体障害者《しょうがいしゃ》、通行に支障《ししょう》のある**高齢者**、**児童**、**幼児**などを保護するとき(**一時停止**または徐行)。

11

歩行者のいる**安全地帯の側方**を通行するとき。

12

乗り降りのために停止中の**通学・通園バス**の側方を通過するとき。

A1 ○ 徐行とは**設問のとおり**で、速度の目安は時速**10**キロメートル以下とされています。

A2 × 道路の曲がり角付近は、**見通し**にかかわらず、つねに**徐行**しなければなりません。

A3 × 徐行場所はこう配の急な**下り坂**で、こう配の急な**上り坂**は徐行場所ではありません。

Motorcycle license

道路の通行方法❾

二輪車のブレーキのかけ方

ブレーキをかける方法 ▶ 前・後輪、エンジンブレーキの3種類

前輪ブレーキ

1

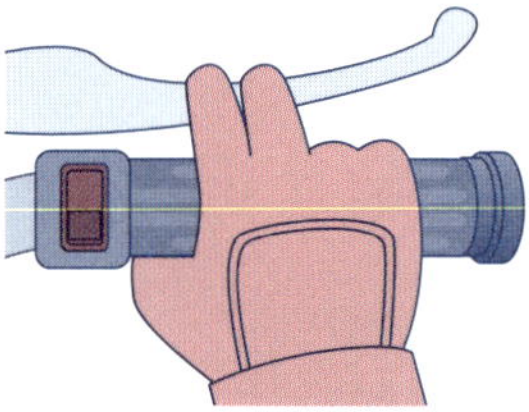

ブレーキレバーを握る。

後輪ブレーキ

2

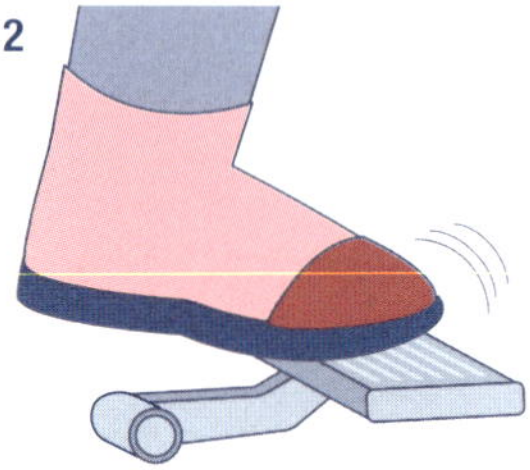

ブレーキペダルを踏む、またはブレーキレバーを握る。

エンジンブレーキ

3

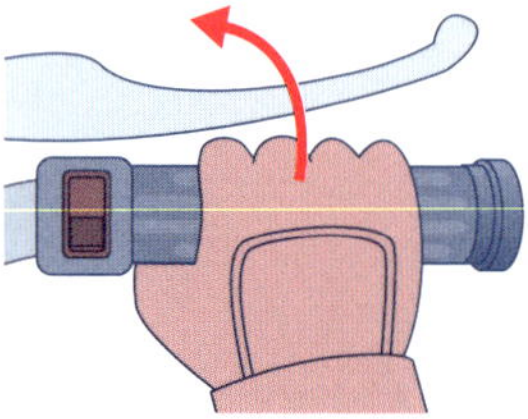

アクセル（スロットル）を戻す、または低速ギアに入れる（シフトダウン）。

エンジンブレーキの特徴 ▶ 低速ギアほど制動力《せいどうりょく》が大

1

低速ギアになるほど、制動力が大きくなる。

2

クラッチを切ってしまう（クラッチレバーを握る）と、エンジンに動力が伝わらなくなるため、エンジンブレーキを活用できない。

頻出厳選3問

Q1 ▶ 二輪車のブレーキのかけ方は、ブレーキレバーを使う場合とブレーキペダルを使う場合の2種類だけである。

Q2 ▶ エンジンブレーキは、低速ギアになるほど制動《せいどう》効果は高くなる。

Q3 ▶ 二輪車の前・後輪ブレーキは、同時にかけるのが基本である。

ブレーキのかけ方 ▶ 前・後輪ブレーキは同時にかける

1

車体を垂直に保ち、ハンドルを切らない。

2

アクセルを戻す、または低速ギアに入れて、エンジンブレーキを効《き》かせる。

3

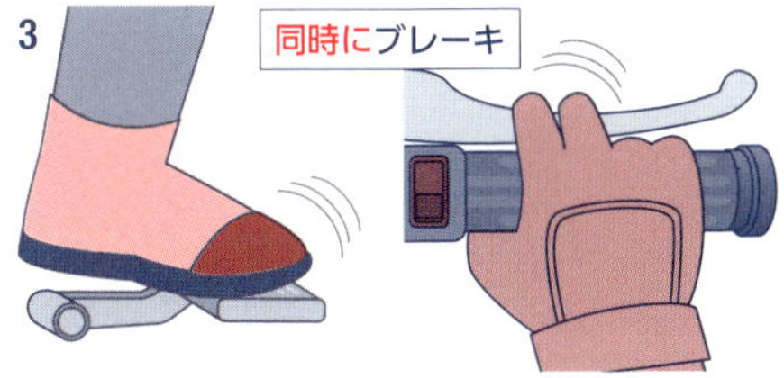

前・後輪ブレーキを同時にかける。

4

ブレーキは数回に分けてかける。ブレーキランプが点滅するので、後続車への合図となる。

ブレーキをかけるときの注意点 ▶ 急ブレーキは危険なので原則として禁止

1

急ブレーキは、やむを得ない場合以外はかけてはいけない。

2

エンジンブレーキを活用するときのシフトチェンジは、故障《こしょう》や転倒《てんとう》防止のため、高速ギアから順序よく低速ギアに切り替える。

A1 ✕ 設問の2つのほか、アクセル（スロットル）の戻し、または低速ギアに入れる（シフトダウン）エンジンブレーキがあります。

A2 ○ エンジンブレーキは、低速ギアになるほど制動力が大きくなります。

A3 ○ エンジンブレーキで速度を落とし、前・後輪ブレーキを同時にかけます。

道路の通行方法⑩

合図の方法、警音器の使用場所

合図の時期と方法 ▶ 右・左折、転回《てんかい》は30メートル手前の地点で合図

合図を行う場合	合図の時期	合図の方法
左折	左折しようとする30メートル手前の地点	 ●左の方向指示器をつける。 ●右腕を車の外に出し、ひじを垂直に上に曲げる ●左腕を水平に伸ばす
左方への進路変更	進路を変えようとする約3秒前	
右折・転回	右折や転回しようとする30メートル手前の地点	 ●右の方向指示器をつける。 ●右腕を車の外に出し、腕を水平に伸ばす ●左腕のひじを垂直に上に曲げる
右方への進路変更	進路を変えようとする約3秒前	
徐行《じょこう》・停止	徐行や停止しようとするとき	 ●制動灯《せいどうとう》をつける ●右腕を車の外に出し、腕を斜め下に伸ばす ●左腕を斜め下に伸ばす
後退（四輪車）	後退しようとするとき	 ●後退灯をつける ●腕を車の外に出し、腕を斜め下に伸ばし、手のひらを後ろに向けて腕を前後に動かす

＊環状交差点の場合は、67ページを参照。

頻出厳選3問

Q1 ▶ 同一方向に進行しながら進路を変える場合の合図の時期は、進路変更の約3秒前である。

Q2 ▶ 前を走行する四輪の運転者が、右腕を車から出して斜め下に伸ばしたが、これは四輪車が後退することを表す。

Q3 ▶ 「警笛《けいてき》鳴らせ」の標識があっても、運転者が危険はないと判断《はんだん》したときは、警音《けいおん》器《き》を鳴らさなくてもよい。

合図をするときの注意点 ▶ その行為終了後、すみやかに合図をやめる

手による合図は、方向指示器が見えにくい場合に方向指示器とあわせて行う。

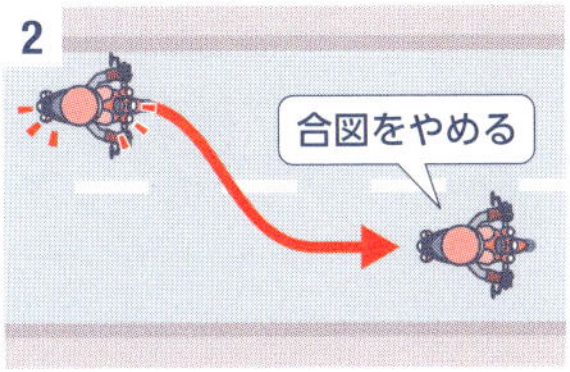

進路変更などが終わったら、すみやかに合図をやめる。

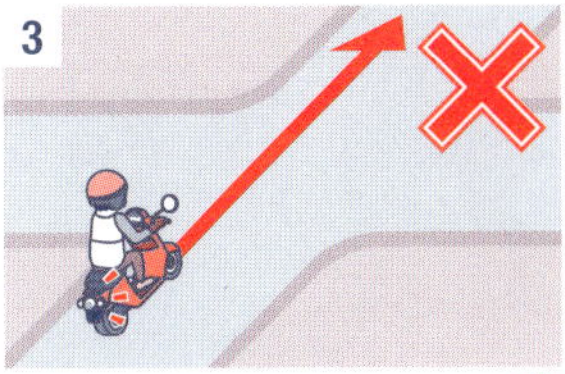

不必要な合図は、他の交通の迷《めい》惑《わく》になるのでしてはいけない。

警音器《けいおんき》の使用場所 ▶ 標識のある場所、指定場所で鳴らす

「警笛《けいてき》鳴らせ」の標識がある場所

「警笛区間」の標識がある区間内の見通しがきかない指定場所

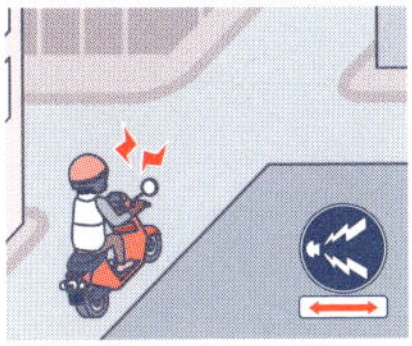

交差点

道路の曲がり角

上り坂の頂上

警音器の使用制限 ▶ 危険を避《さ》けるため以外は鳴らさない

警音器は、みだりに鳴らしてはいけない。合図やあいさつなども警音器の乱用になる。

危険を避けるためやむを得ない場合は、警音器を鳴らせる。

A1 ○ 進路変更の合図は、進路を変えようとする約3秒前に行います。

A2 × 設問の手による合図は、四輪車が徐行《じょこう》または停止することを表します。

A3 × 「警笛鳴らせ」の標識がある場所では、必ず警音器を鳴らさなければなりません。

道路の通行方法⑪

進路変更、横断・転回制限

進路変更の制限 ▶ 原則として、**黄色の線**を越えてはいけない

車は、**みだりに**進路変更してはいけない。

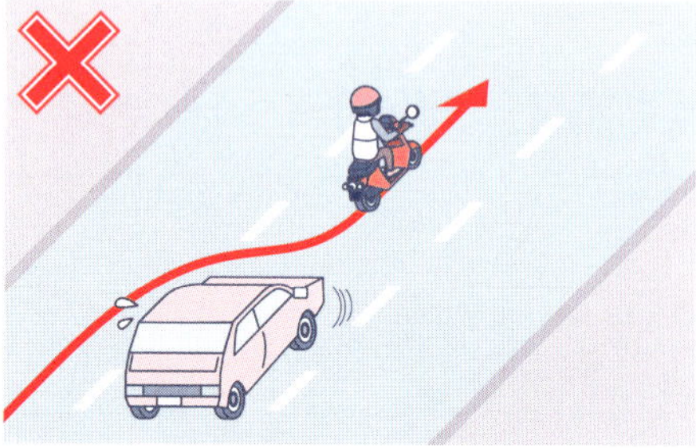

後続車が**急ブレーキ**や**急ハンドル**で避《さ》けなければならないときは、進路変更してはいけない。

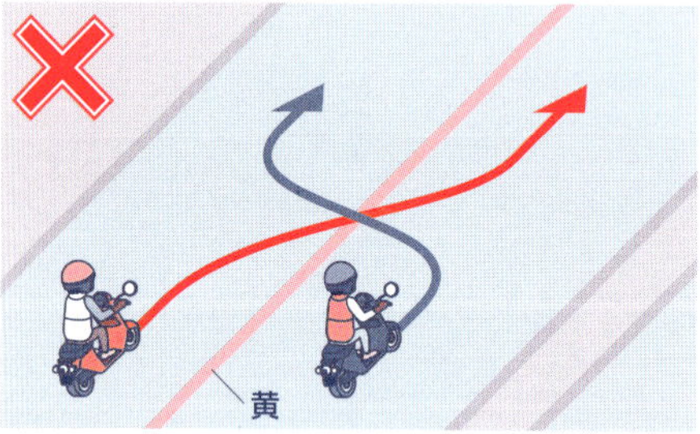

車は、**黄色の線**を越えて進路変更してはいけない。

緊急《きんきゅう》自動車に進路を譲るとき。

道路工事などでやむを得ないとき。

頻出厳選3問

Q1 ▶ 二輪車は機動性のある乗り物なので、進路変更をしながら車の間をぬうように走行した。

Q2 ▶ 車両通行帯が黄色の線で区画されている道路では、原則としてその線を越えて進路を変更してはならない。

Q3 ▶ 「転回《てんかい》禁止」の標識や標示のない場所でも、他の車の正常な通行を妨《さまた》げるおそれのあるときは、転回してはならない。

横断・転回《てんかい》の禁止 ▶「車両横断禁止」の標識は、道路の右側への横断禁止

他の車や歩行者の**正常な進行**を妨《さまた》げるおそれのあるときは、横断・転回してはいけない。

「**転回禁止**」の標識・標示があるときは、転回してはいけない。

「車両横断禁止」の標識があるときは、道路の**右**側へ横断してはいけない。

「車両横断禁止」の標識があっても、道路の**左**側への横断は禁止されていない。

他の車の前方に急に**割り込んでは**いけない。

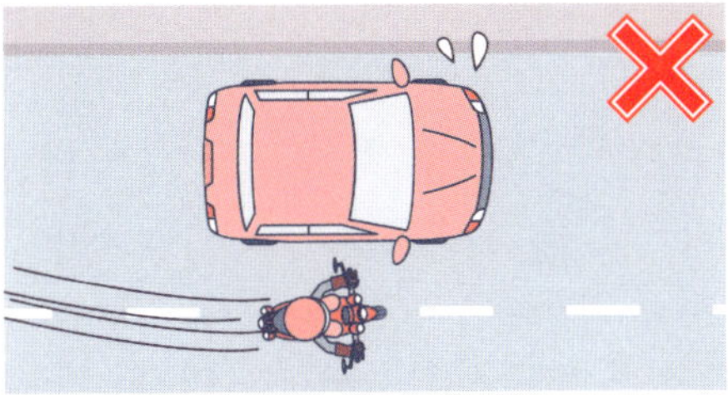

走行中の車に**幅寄せ**してはいけない。

A1 ✕ 機動性のある二輪車でも、**みだりに**進路変更するのは危険です。

A2 ○ **やむを得ない場合**以外は、**黄色の線**を越えて進路を変更してはいけません。

A3 ○ 他の交通に**迷惑《めいわく》**をかけたり、**危険**をおよぼしたりするおそれのある転回をしてはいけません。

追い越しの意味と方法

追い越しと追い抜きの違い ▶ 進路を**変える**か、**変えない**かだけ

追い越し

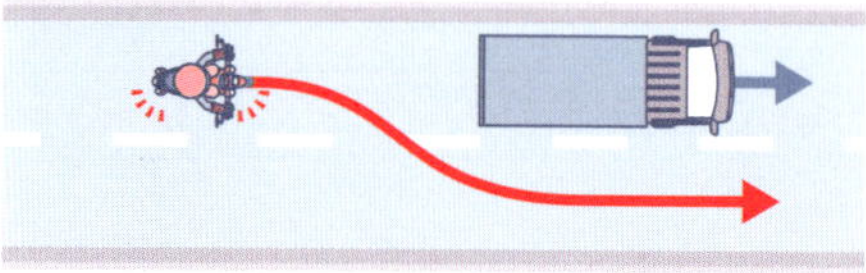

車が進路を**変えて**、進行中の前車の前方に出ること。

追い抜き

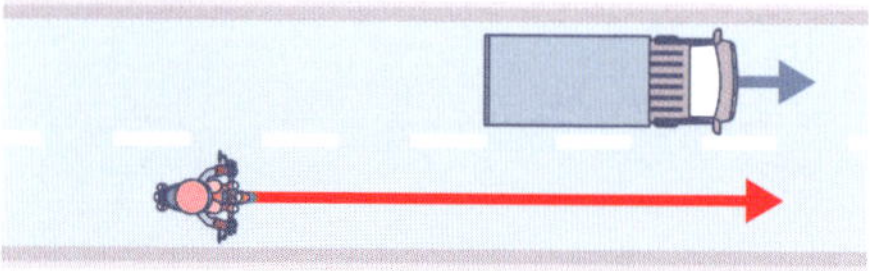

車が進路を**変えないで**、進行中の前車の前方に出ること。

「はみ出し追い越し禁止」の標識・標示 ▶ **黄色の線**をはみ出す追い越し禁止

道路の右側部分に**はみ出す追い越し**が禁止されている(**はみ出さない追い越し**は禁止されていない)。

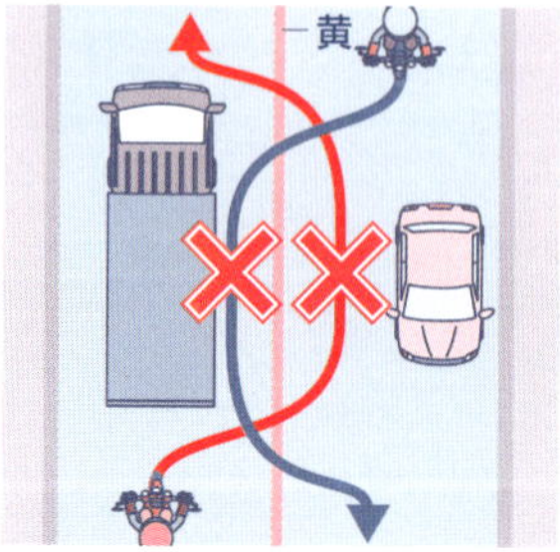

車は、**黄色の中央線**をはみ出して追い越しをしてはいけない。

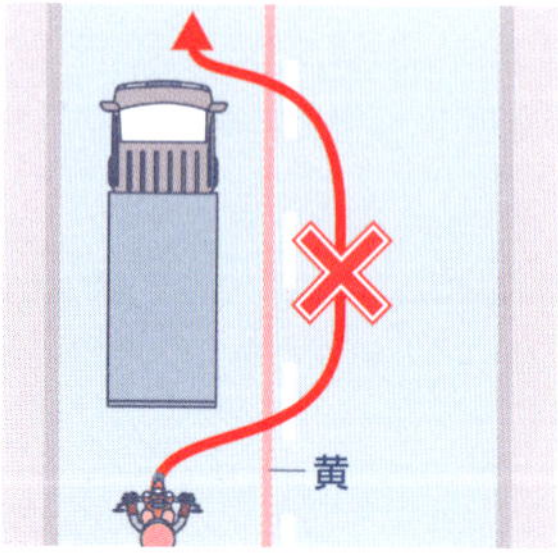

黄色の線が引かれた側の車は、対向車線にはみ出して追い越しをしてはいけない(**白の破線側**からは可)。

頻出厳選3問

Q1 ▶ 車が進路を変えて進行中の前車の前方に出ることを追い越し、車が進路を変えずに進行中の前車の前方に出ることを追い抜きという。

Q2 ▶ 追い越しをするときは、前車との側方間隔《そくほうかんかく》をできるだけ狭《せま》くするのがよい。

Q3 ▶ 車や路面電車を追い越すときは、どちらもその右側を通行するのが原則である。

追い越しの方法 ▶ 車は原則として右側を追い越す

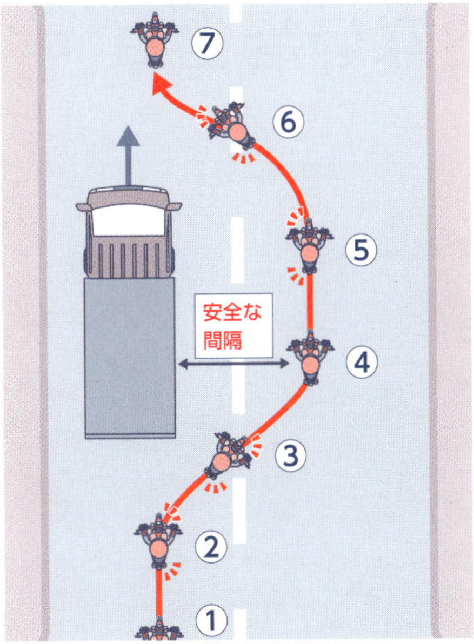

①追い越し禁止場所でないことを確かめ、あらかじめバックミラーなどで周囲の安全を確認する。

②右側の方向指示器を出す。

③もう一度安全確認をしてから約3秒後、進路をゆるやかに変える。

④追い越す車の側方に、安全な間隔《かんかく》を保つ。

⑤左側の方向指示器を出す。

⑥追い越した車との間に安全な車間《しゃかん》距離を保てるまで進み、進路をゆるやかに変える。

⑦合図をやめる。

車を追い越すとき

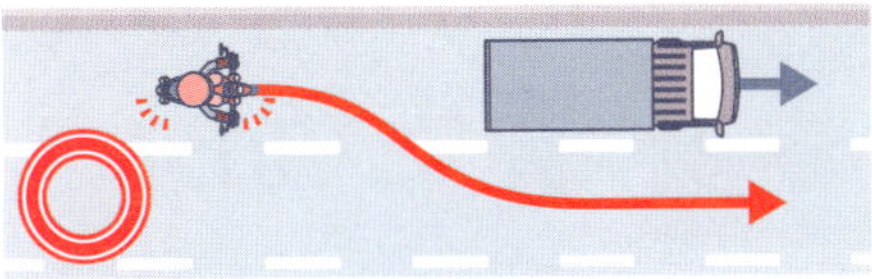

前車の右側を通行する。

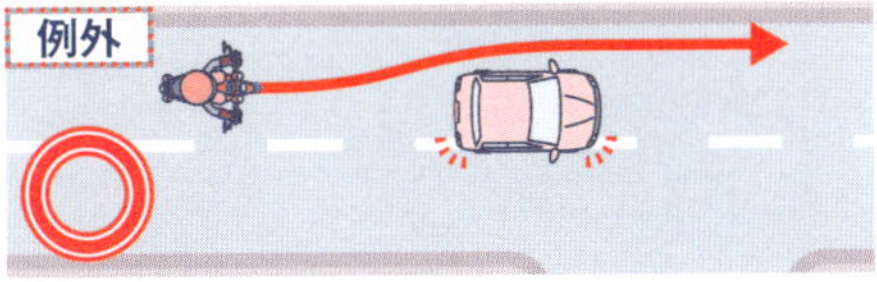

前車が右折するため、道路の中央に寄っているときは、前車の左側を通行する。

路面電車を追い越すとき

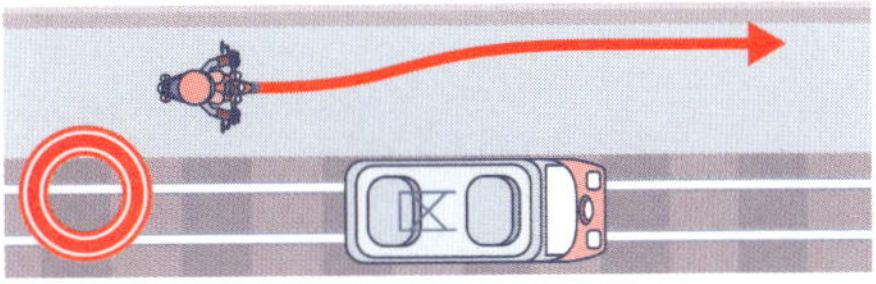

路面電車の左側を通行する。

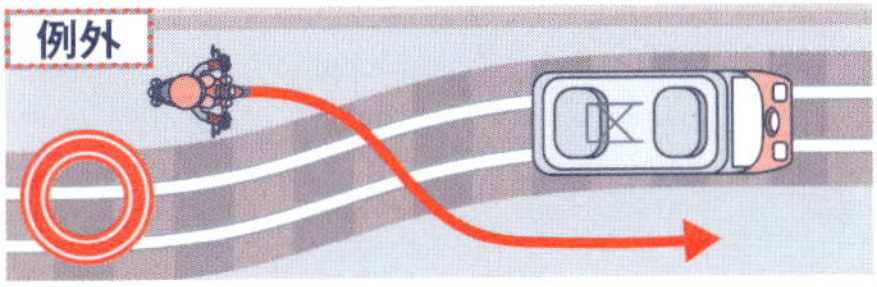

軌《き》道《どう》が道路の左端に寄って設けられているときは、路面電車の右側を通行する。

A1 ○ 追い越しと追い抜きの違いは、進行中の前車の前方に出るときに進路を変えるか、変えないかだけです。

A2 × 追い越す車との間に、安全な間隔を保つようにします。

A3 × 車は右側を通行するのが原則ですが、路面電車は左側を通行するのが原則です。

Motorcycle license

追い越し・交差点・駐停車のルール❷

追い越しできない場合と禁止場所

追い越し禁止の場合 ▶ 二重追い越しは危険なので禁止

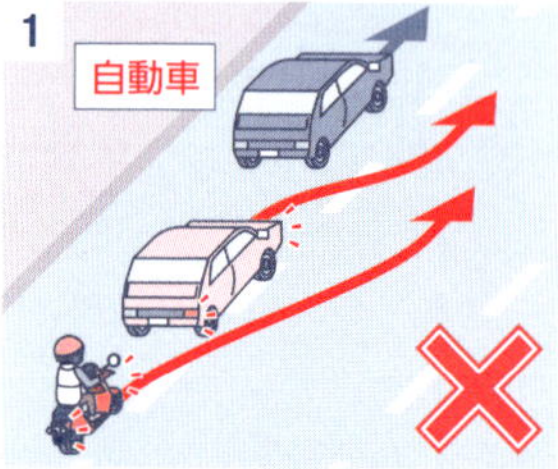

前車が自動車を追い越そうとしているとき（二重追い越し）。

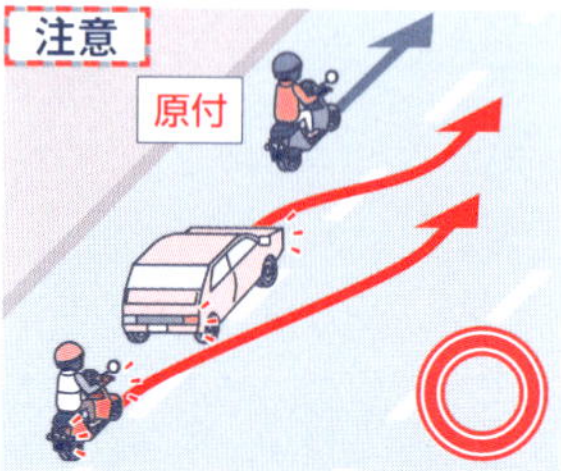

前車が原動機付自転車を追い越そうとしているときは、追い越しができる。

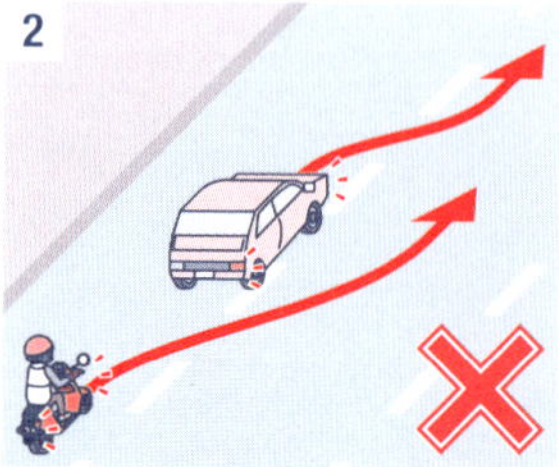

前車が右折などのため、右側に進路を変えようとしているとき。

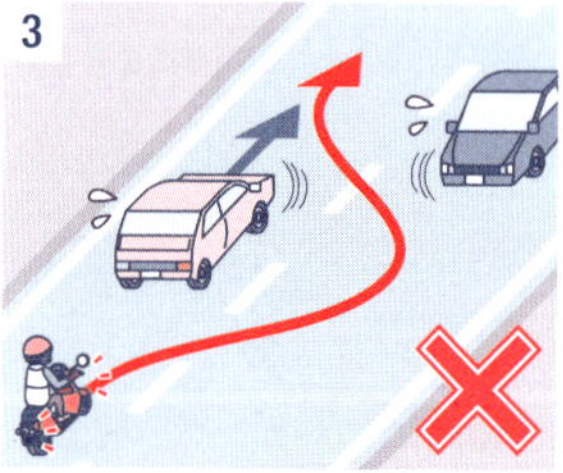

右側部分に入って追い越しをすると、対向車の進行を妨《さまた》げるとき。

右側部分に入って追い越しをするとき、前車の進行を妨げなければ左側部分に戻れないとき。

後続車が、自車を追い越そうとしているとき。

頻出厳選3問

Q1 ▶ 前車が自動車を追い越そうとしているときに前車を追い越す行為は、二重追い越しとして禁止されている。

Q2 ▶ トンネル内は、車両通行帯の有《う》無《む》に関係なく、追い越しは禁止されている。

Q3 ▶ 交差点とその手前から30メートル以内の場所での追い越しは禁止されているが、優先道路を通行している場合は禁止されていない。

追い越し禁止場所 ▶ こう配《ばい》の急な坂は下りだけ禁止

「追越し禁止」の標識がある場所。

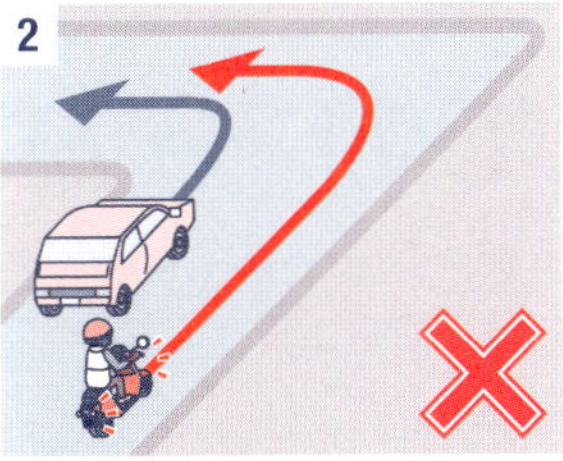

道路の曲がり角付近。

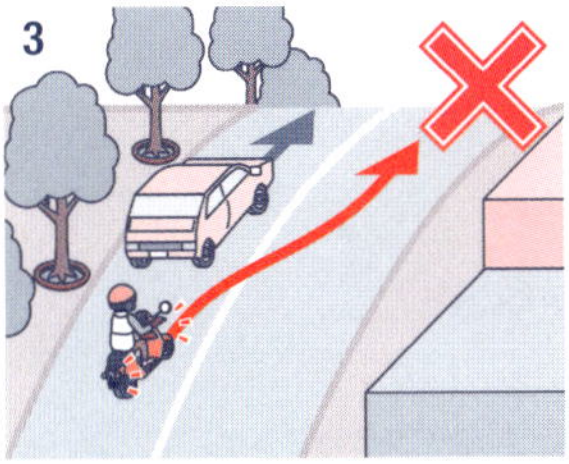

上り坂の頂上付近。

こう配の急な下り坂。

車両通行帯のないトンネル。

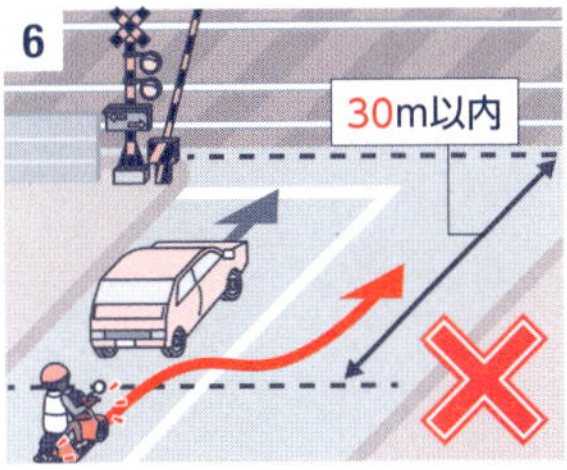

踏切と、その手前から30メートル以内の場所。

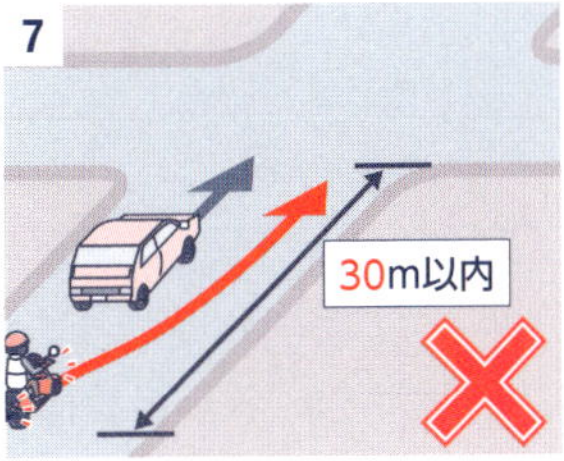

交差点と、その手前から30メートル以内の場所。

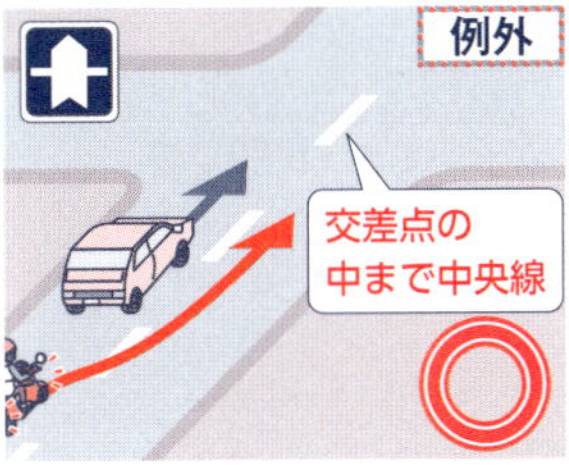

優先道路を通行しているとき。

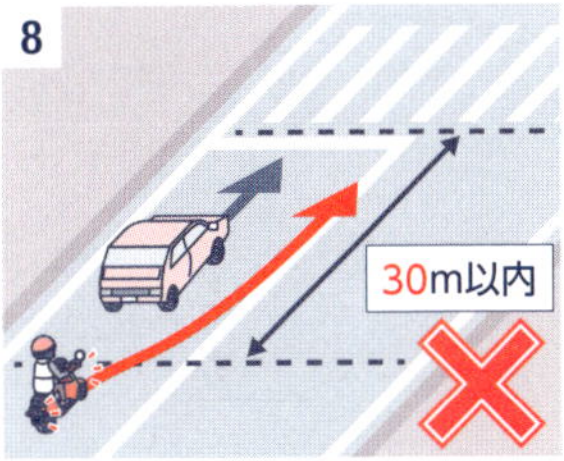

横断歩道や自転車横断帯と、その手前から30メートル以内の場所。

A1 ○ 前車が原動機付自転車や軽車両《けいしゃりょう》を追い越そうとしている場合は、二重追い越しにはなりません。

A2 × 車両通行帯がある場合は、追い越しが禁止されていません。

A3 ○ 設問の場所は追い越し禁止ですが、優先道路を通行している場合は禁止されていません。

交差点での右・左折の方法

右・左折の方法 ▶ 一方通行路の右折は道路の右端に寄る

左折の方法

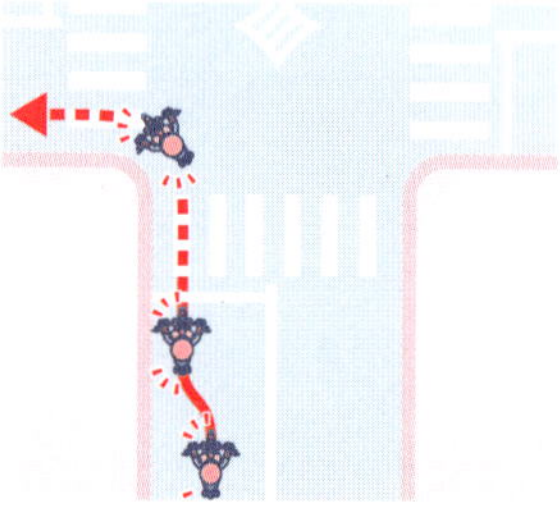

①あらかじめできるだけ道路の左端に寄る。
②交差点の側端《そくたん》に沿って徐行《じょこう》しながら通行する。

右折の方法（小回りの場合）

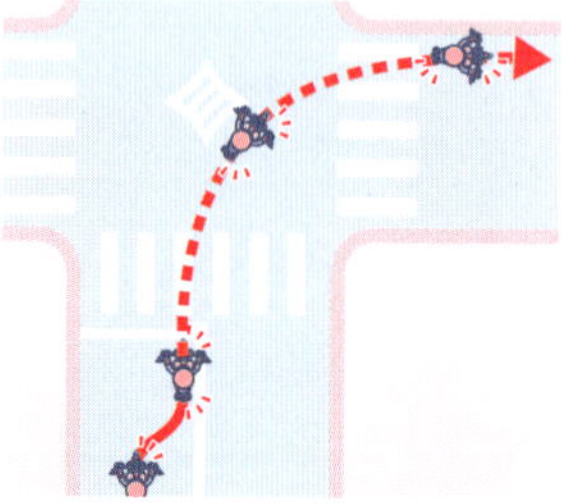

①あらかじめできるだけ道路の中央に寄る。
②交差点の中心のすぐ内側を徐行しながら通行する。

一方通行路の場合

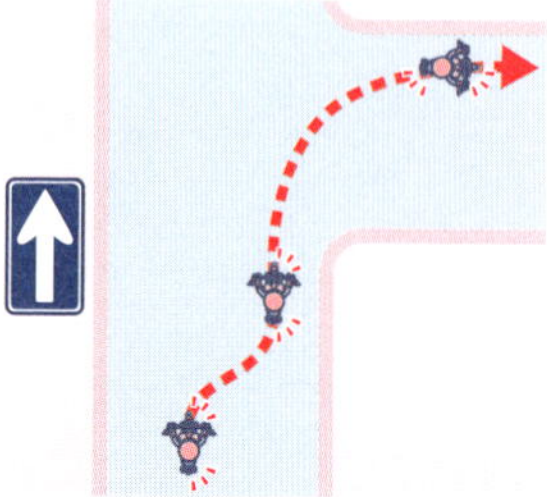

①あらかじめできるだけ道路の右端に寄る。
②交差点の中心の内側を徐行しながら通行する。

「右左折の方法」の標示→矢印に沿って右・左折する

右折の方法

左折の方法

頻出厳選3問

Q1 ▶ 交差点を左折するときは、あらかじめできるだけ道路の左端に寄り、交差点の側端《そくたん》に沿って徐行《じょこう》しなければならない。

Q2 ▶ 片側2車線の道路で右折する原動機付自転車は、とくに指定がなければ、あらかじめできるだけ道路の中央に寄り、交差点の中心のすぐ内側を徐行する（一方通行路を除く）。

Q3 ▶ 一方通行の道路で右折するときは、あらかじめできるだけ道路の中央に寄り、交差点の中心の内側を徐行しなければならない。

右・左折するときの注意点 ▶ 左折するときは大型車の内輪差《ないりんさ》に注意

左折するとき

原動機付自転車は、内輪差による自動車の巻き込まれに注意する。

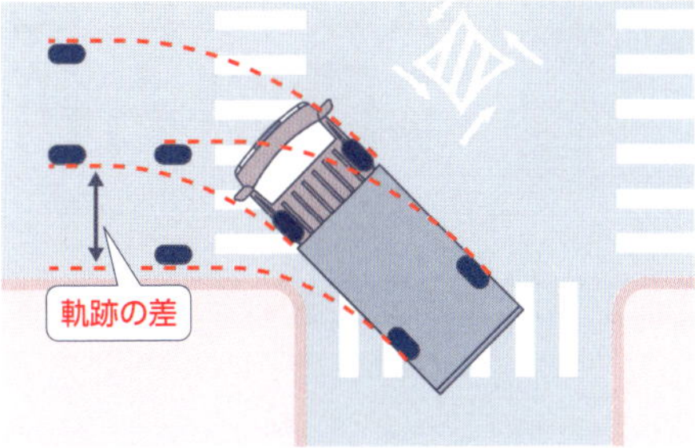

内輪差とは、車が曲がるとき、後輪が前輪より内側を通ることによる前後輪の軌跡《きせき》の差のことで、大型車ほど大きくなる。

右折するとき

右折車は先に交差点に入っていても、直進車や左折車の進行を妨《さまた》げてはならない。

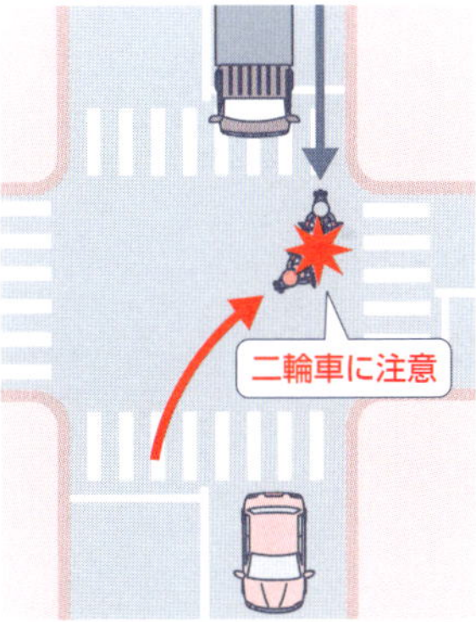

対向車線が渋滞《じゅうたい》している場合、車のかげから直進してくる二輪車に十分注意する。

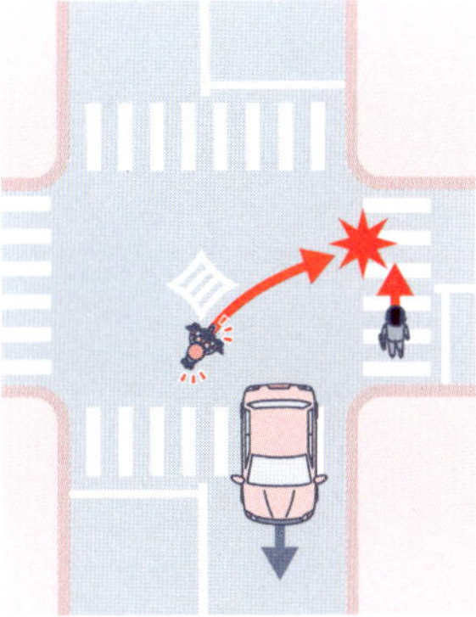

右折した先の道路を横断している歩行者や自転車に注意する。

A1 ○ 左折するときは、できるだけ左端に寄り、交差点の側端に沿って徐行しなければなりません。

A2 ○ 設問の道路で右折するときは、できるだけ中央に寄り、交差点の中心のすぐ内側を徐行しなければなりません。

A3 × 一方通行の道路では、あらかじめできるだけ道路の右端に寄ります。

Motorcycle license

追い越し・交差点・駐停車のルール④

原動機付自転車の二段階右折

原動機付自転車の右折方法 ▶ 二段階・小回りの2種類ある

二段階右折しなければならない交差点

1

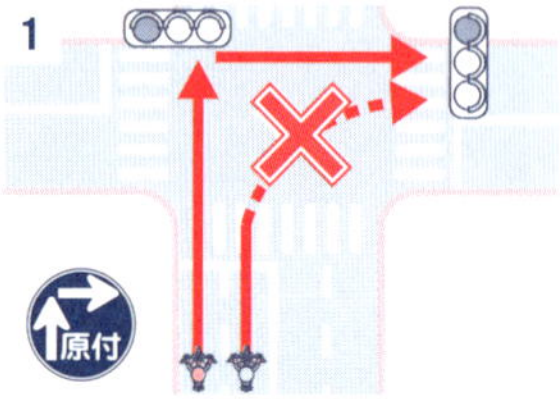

交通整理が行われていて、「原動機付自転車の右折方法（二段階）」の標識がある交差点。

2

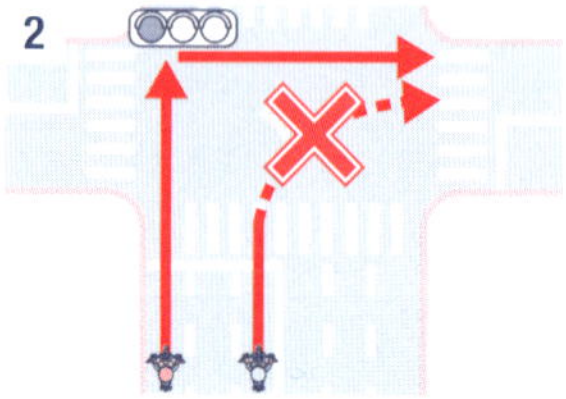

交通整理が行われていて、車両通行帯が3つ以上の交差点。

原動機付自転車の右折方法（二段階）の標識

原動機付自転車の右折方法（小回り）の標識

小回り右折しなければならない交差点

1

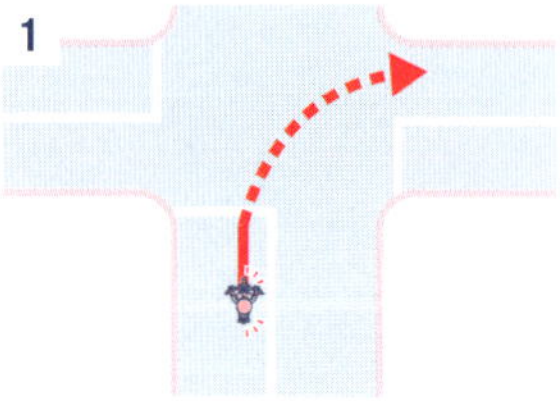

交通整理が行われていない交差点。

2

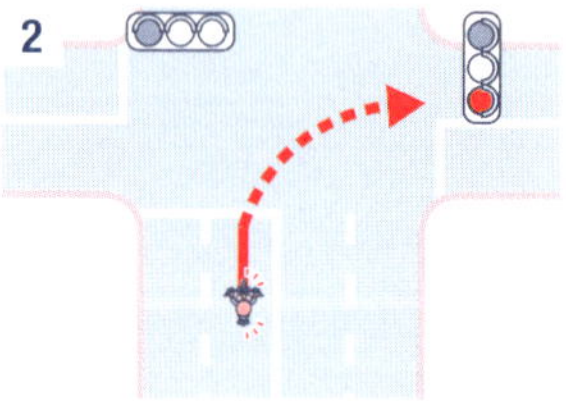

交通整理が行われていて、車両通行帯が2つ以下の交差点。

3

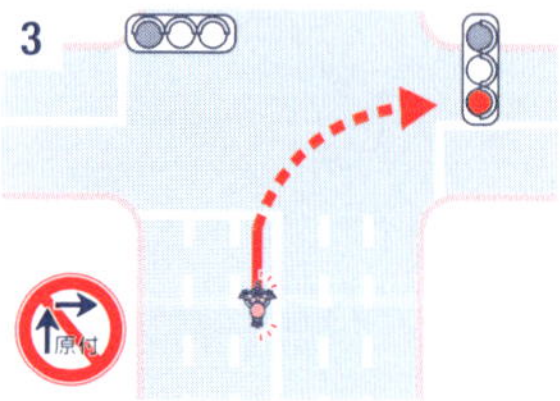

交通整理が行われていて、「原動機付自転車の右折方法（小回り）」の標識がある交差点。

頻出厳選3問

Q1 ▶ 信号機がある片側3車線の道路の交差点で右折する原動機付自転車は、とくに指定がなければ、二段階の方法で右折しなければならない。

Q2 ▶ 原動機付自転車が交通整理の行われていない道路の交差点で右折するときは、自動車と同じ方法で行わなければならない。

Q3 ▶ 二段階の方法で右折する原動機付自転車は交差点の向こう側までまっすぐ進むので、右折の合図をしてはならない。

二段階右折の方法 ▶ 交差点の30メートル手前で右折の合図

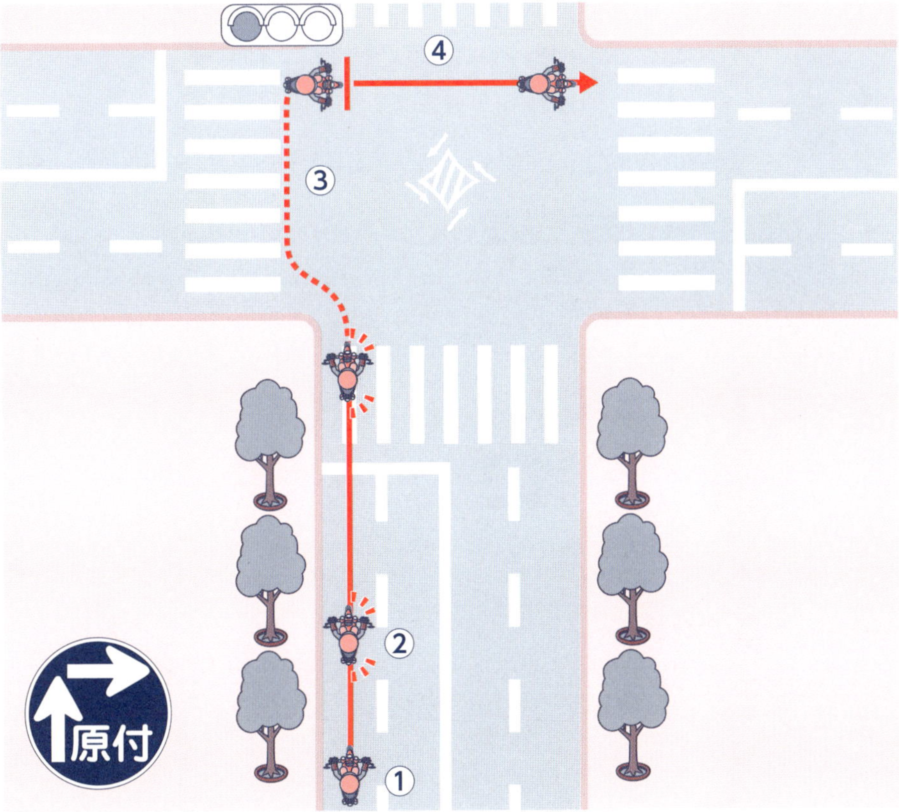

①あらかじめできるだけ道路の左端に寄る。

②交差点の手前の側端《そくたん》から30メートルの地点で右折の合図を出す。

③青信号で交差点の向こう側まで直進(徐行《じょこう》)し、その地点で停止して右に向きを変える(合図をやめる)。

④前方の信号が青に変わってから進む。

A1	○	設問のような交差点では、原動機付自転車は二段階右折しなければなりません。
A2	○	交通整理が行われていない場合は、自動車と同様に、小回りの方法で右折します。
A3	×	二段階右折の場合も、交差点の手前の側端《そくたん》から30メートルの地点で右折の合図をします。

Motorcycle license

追い越し・交差点・駐停車のルール⑤

交差点での優先関係など

交通整理の行われていない交差点では ▶ 優先道路、幅が広い道路優先

交差する道路が優先道路のとき

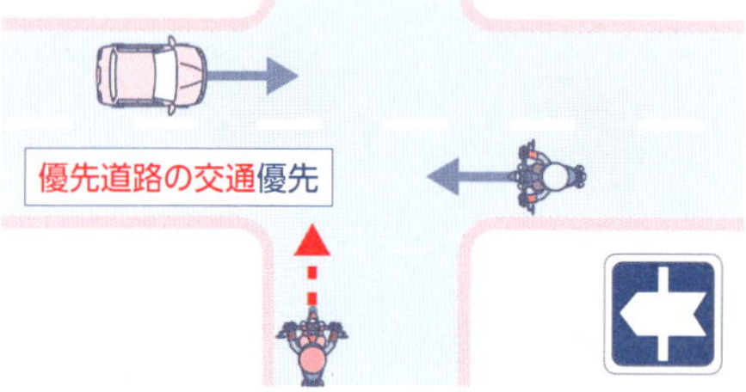

優先道路を通行する車や路面電車の進行を妨《さまた》げてはいけない。

交差する道路の幅が広いとき

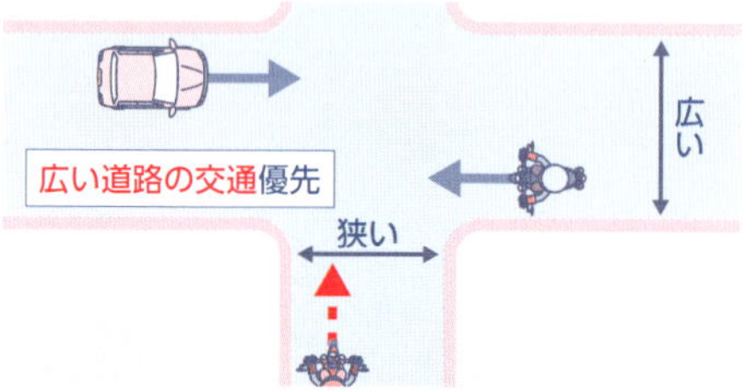

幅が広い道路を通行する車や路面電車の進行を妨げてはいけない。

同じ道幅のとき

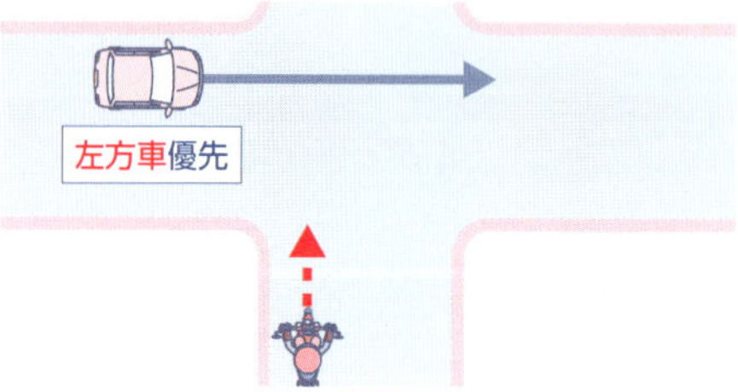

左方から進行してくる車の進行を妨げてはいけない。

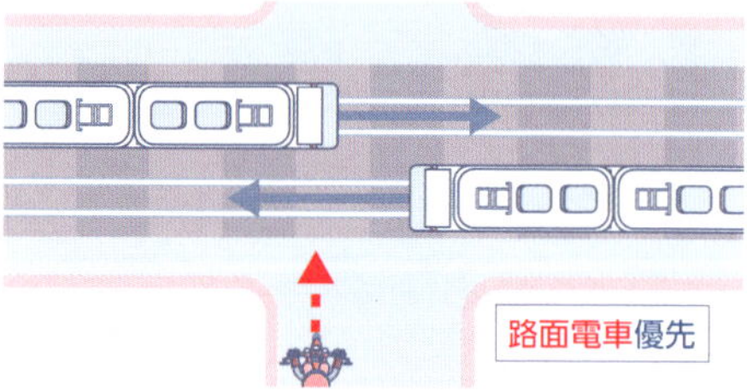

左右どちらからきても、路面電車の進行を妨げてはいけない。

頻出厳選3問

Q1 ▶ 交通整理の行われていない道幅が同じ交差点では、つねに路面電車が優先する。

Q2 ▶ 交通整理の行われていない道幅が同じ交差点では、左方から進行してくる車の進行を妨げてはならない。

Q3 ▶ 右の標識がある交差点は、直進しかできない。

「進行方向別通行区分」の標識・標示 ▶ 原則として、指定された通行区分に従う

原則として、指定された通行区分に従って通行しなければならない。

緊急《きんきゅう》自動車に進路を譲《ゆず》るときや、道路工事などでやむを得ないとき。

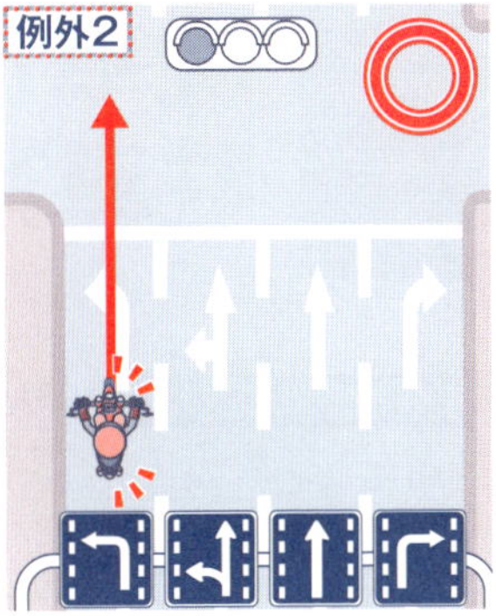

左端が左折レーンの場合、二段階右折の原動機付自転車は、左端の左折レーンを通って交差点の向こう側まで進む。

環状交差点の通行方法 ▶ 右回りに徐行《じょこう》する

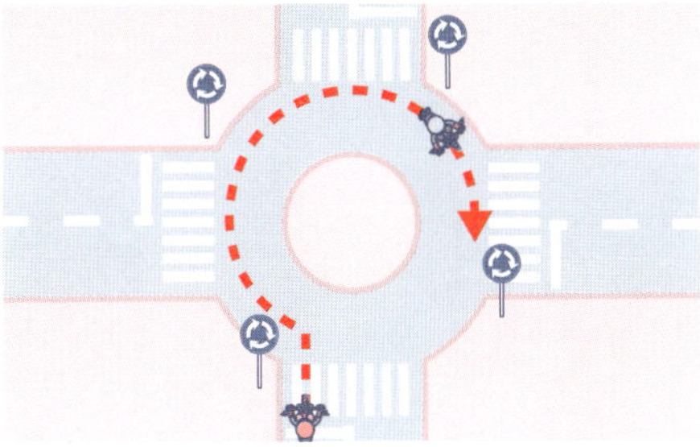

環状交差点を通行するときは、あらかじめできるだけ道路の左端に寄り、環状交差点の側端に沿って右回りに徐行する（環状交差点に入るときも徐行。合図の必要はない）。

環状交差点を出るときは、出ようとする地点の直前の出口の側方を通過したとき（環状交差点に入った直後の出口を出るときは、環状交差点に入ったとき）に左の方向指示器を出す。

A1 ○ 設問のような交差点では、左右どちらからきても路面電車が優先します。

A2 ○ 設問のような交差点では、左方の車が優先します。

A3 ○ 図は「指定方向外進行禁止（右・左折禁止）」で、交差点を直進しなければなりません。

追い越し・交差点・駐停車のルール❻

駐車と停車の意味、駐車禁止場所

駐車と停車の違い ▶ 荷物の積みおろしは5分を超えると駐車

駐車になる行為

1

人待ち、荷物待ちのための停止。

2

5分を超える荷物の積みおろしのための停止。

3

故《こ》障《しょう》のための継《けい》続《ぞく》的《てき》な停止。

4

運転者が車から離れていて、すぐに運転できない状態での停止。

停車になる行為

1

人の乗り降りのための停止。

2

5分以内の荷物の積みおろしのための停止。

3

運転者が車から離れない状態での停止。

4

運転者が車から離れていても、すぐに運転できる状態での停止。

頻出厳選3問

Q1 ▶ 荷物を待つために車を止める行為は、5分以内であれば停車になる。

Q2 ▶ 荷物の積みおろしのための車の停止は、5分以内は停車、5分を超えると駐車になる。

Q3 ▶ 火災報知機から5メートル以内は、駐車禁止場所に指定されている。

駐車禁止場所 ▶ 数字にかかわる禁止場所は1・3・5メートル以内

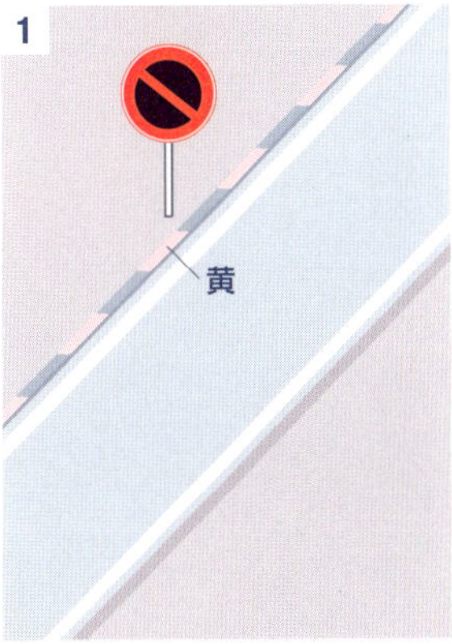

「駐車禁止」の標識や標示がある場所。

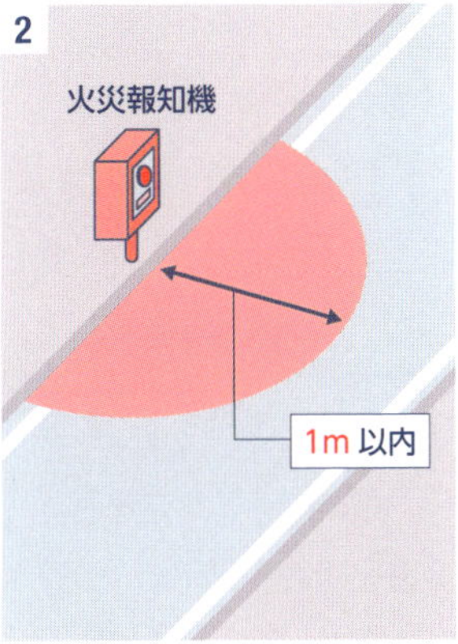

火災報知機から1メートル以内の場所。

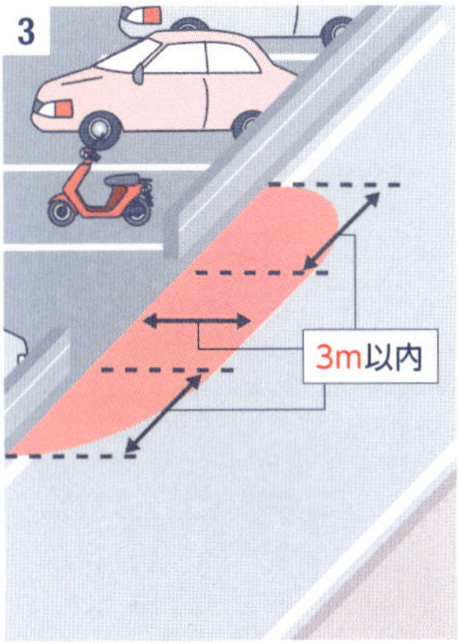

駐車場や車庫など自動車用の出入口から3メートル以内の場所。

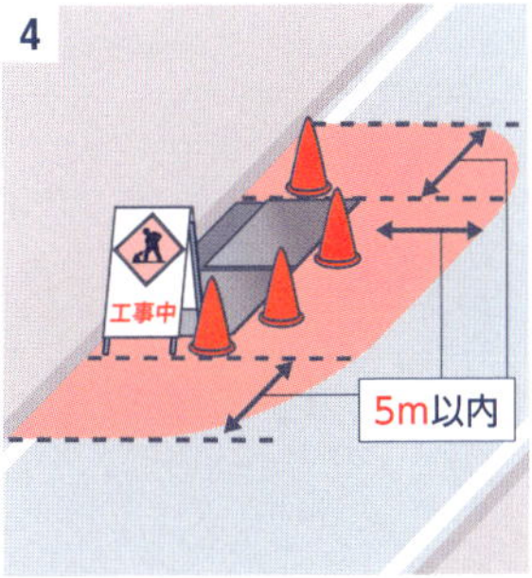

道路工事の区域の端から5メートル以内の場所。

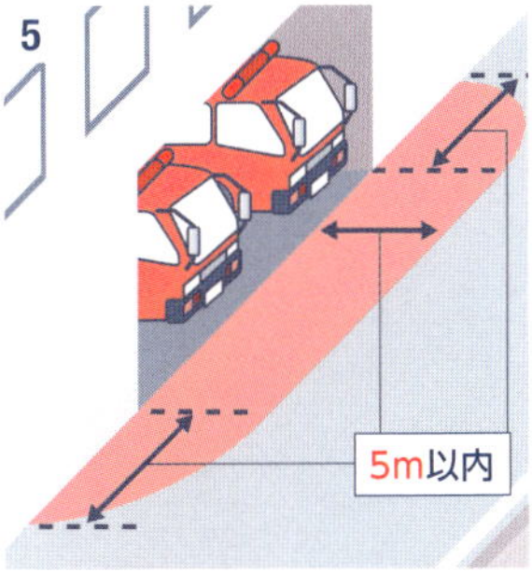

消防用機械器具の置場、消防用防火水槽《ぼうかすいそう》、これらの道路に接する出入口から5メートル以内の場所。

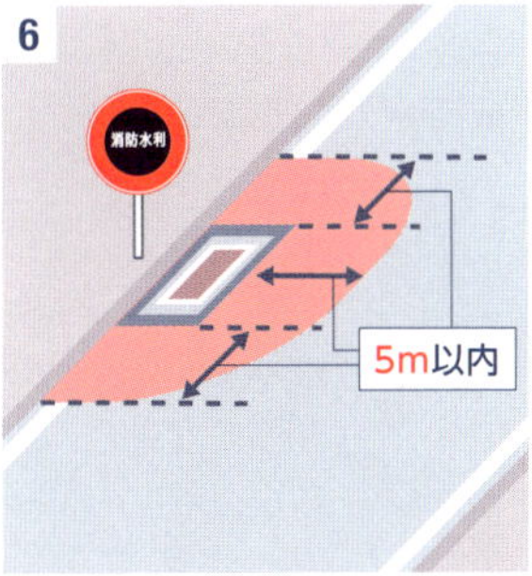

消火栓《せん》、指定消防水利《すいり》の標識が設けられている位置や、消防用防火水槽の取入口から5メートル以内の場所。

A1 × 人待ちや荷物待ちのための車の停止は、時間に関係なく、駐車になります。

A2 ○ 5分以内の荷物の積みおろしは停車、5分を超えて止めると駐車になります。

A3 × 火災報知機から1メートル以内の場所が駐車禁止です。

Motorcycle license

追い越し・交差点・駐停車のルール⑦

駐停車が禁止されている場所

駐停車禁止場所 ▶ 数字にかかわる禁止場所は5・10メートル以内

1

「駐停車禁止」の標識や標示がある場所。

2

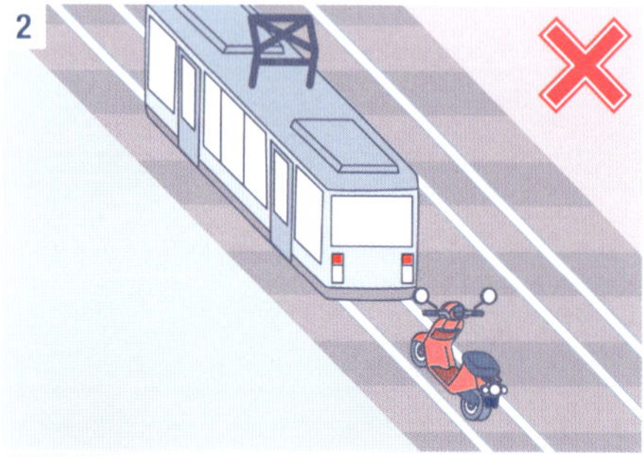

軌道敷内《きどうしきない》。

3

坂の頂上付近、こう配《はい》の急な坂。

4

トンネル。

頻出厳選3問

Q1 ▶ こう配《はい》の急な坂は、上りも下りも駐停車禁止場所に指定されている。

Q2 ▶ 車両通行帯のあるトンネル内での駐停車は、とくに禁止されていない。

Q3 ▶ バスの停留所の標示板から10メートル以内の場所は、バスの運行時間に限り、駐停車してはならない。

5

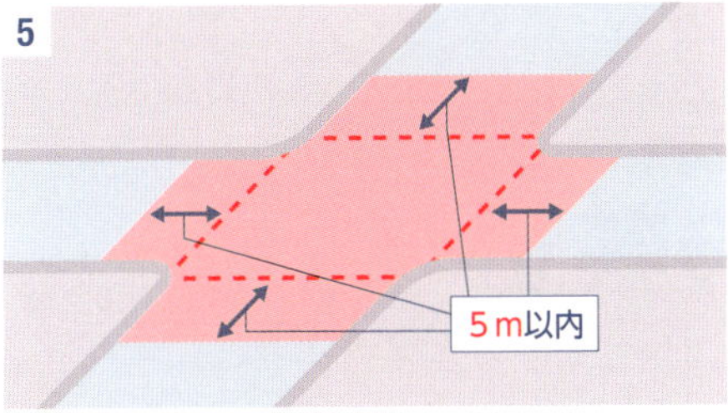

交差点と、その端から5メートル以内の場所。

6

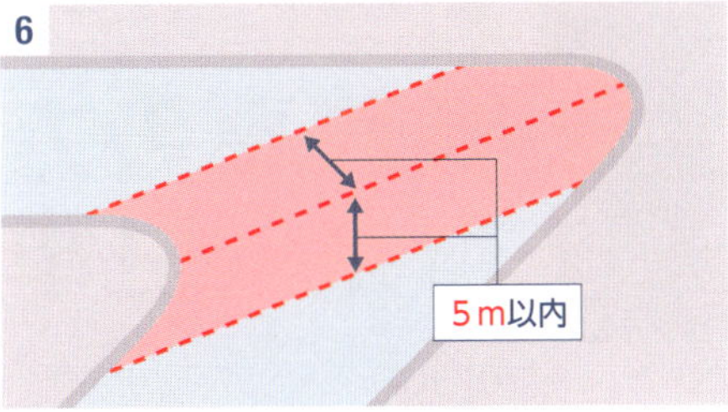

道路の曲がり角から5メートル以内の場所。

7

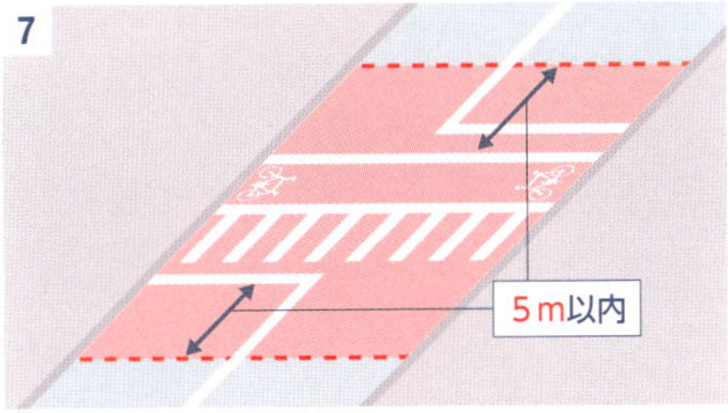

横断歩道や自転車横断帯と、その端から前後5メートル以内の場所。

8

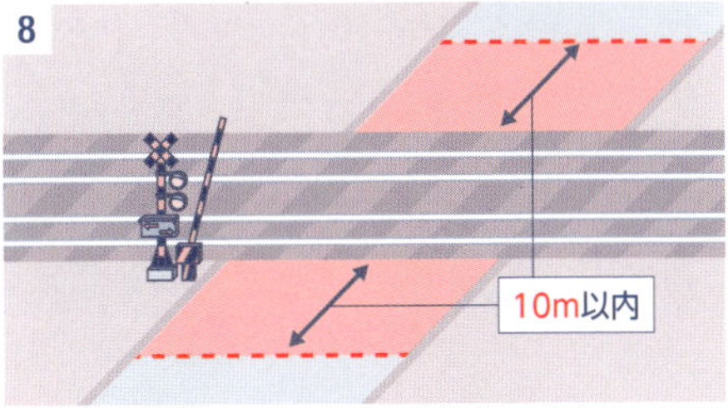

踏切と、その端から10メートル以内の場所。

9

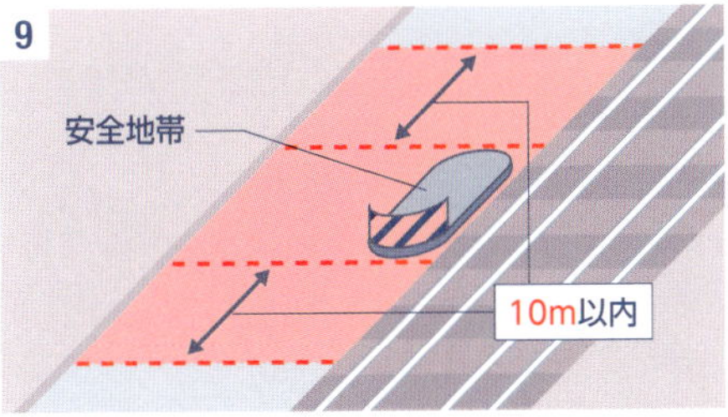

安全地帯の左側と、その前後10メートル以内の場所。

10

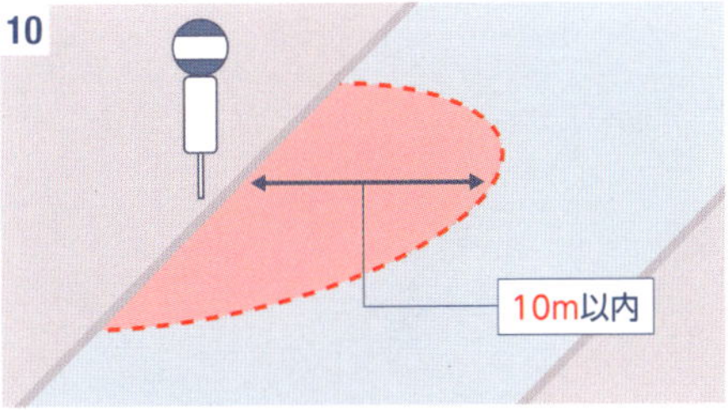

バスや路面電車の停留所(標示板・標示柱)から10メートル以内の場所(運行時間中のみ)。

A1	○	こう配の急な坂に車を止めると危険なので、駐車も停車も禁止されています。
A2	×	トンネル内は、車両通行帯の有《う》無《む》に関係なく、駐停車禁止場所に指定されています。
A3	○	設問の場所は、バスの運行時間に限り駐停車禁止で、運行時間外であれば止められます。

Motorcycle license

追い越し・交差点・駐停車のルール❽

駐停車の方法、無余地駐車の禁止

駐停車の方法 ▶ **白線2本**の路側帯《ろそくたい》では車道に沿《そ》う

歩道や路側帯がない道路

道路の左端に沿って止める。

歩道がある道路

車道の左端に沿って止める。

幅が0.75メートル以下の路側帯がある道路

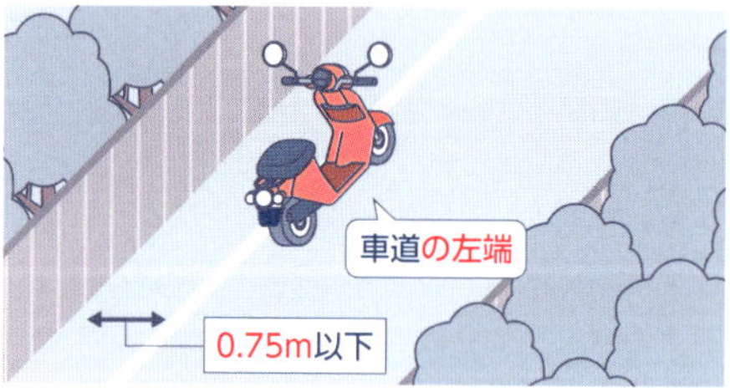

車道の左端に沿って止める。

幅が0.75メートルを超える白線1本の路側帯がある道路

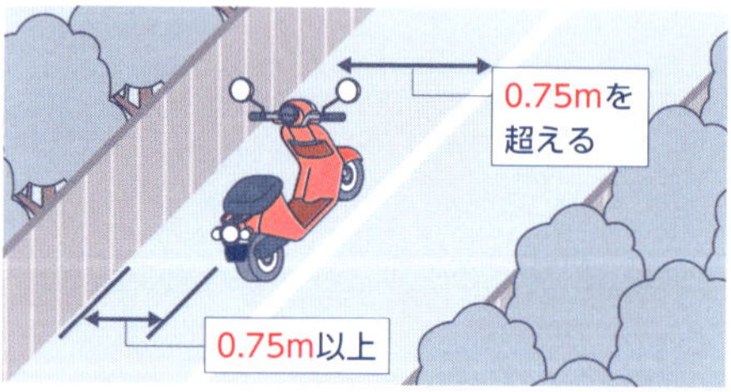

路側帯に入り、左側に0.75メートル以上の余地《よち》をあける。

頻出厳選3問

Q1 ▶ 歩道のある道路に駐車や停車するときは、道路の左端に沿《そ》う。

Q2 ▶ 幅が0.75メートルの白線1本の路側帯《ろそくたい》がある道路で駐車するときは、路側帯に入らずに、車道の左端に沿わなければならない。

Q3 ▶ 車の右側の道路上に3.5メートル以上の余地《よち》がとれない場所では、原則として駐車してはならない。

2本線の路側帯がある道路

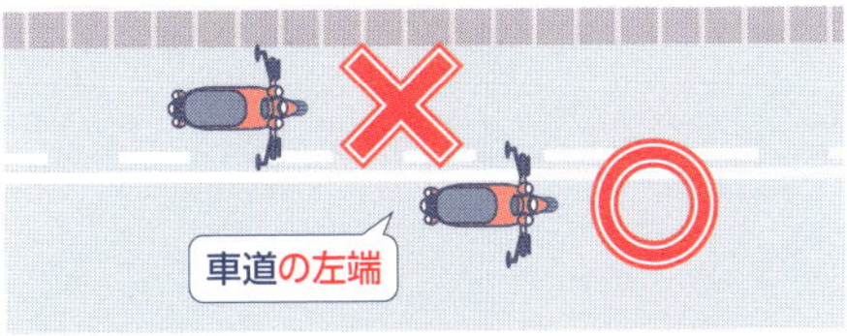

実線と破線の路側帯は「駐停車禁止路側帯」なので、中に入らずに車道の左端に沿って止める。

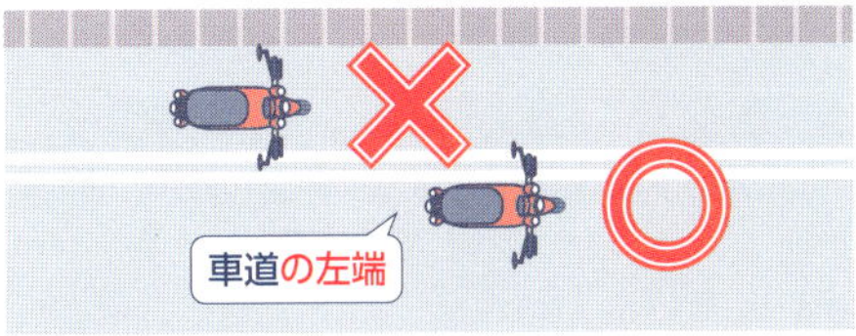

実線2本の路側帯は「歩行者用路側帯」なので、中に入らずに車道の左端に沿って止める。

無余地《むよち》駐車の禁止 ▶ 車の右側に余地を残して駐車する

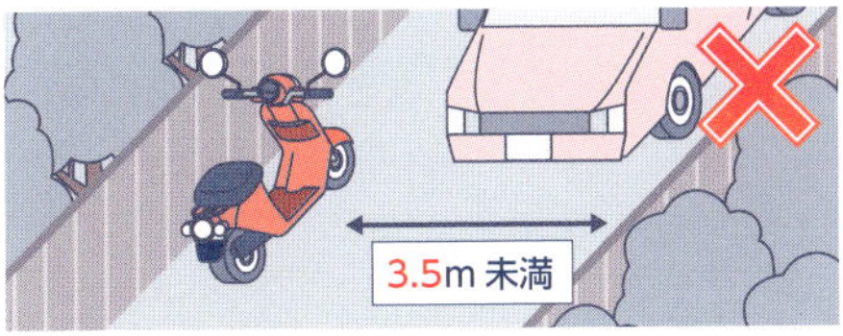

駐車した場合、車の右側の道路上に3.5メートル以上の余地がなくなる場所では、原則として駐車してはいけない。

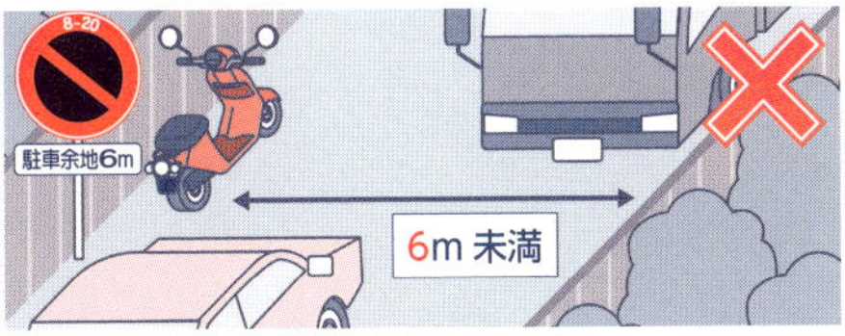

標識で余地が指定されている場合、その余地がとれない場所では、原則として駐車してはいけない。

例外1 荷物の積みおろしをする場合で、運転者がすぐに運転できるとき。

例外2 傷病者《しょうびょうしゃ》を救護《きゅうご》するため、やむを得ないとき。

車から離れるときの措置《そち》 ▶ 盗難《とうなん》および危険防止措置をとる

ハンドルをロックし、エンジンキーを携帯し、車輪をロックするなど、盗難防止の措置をとる。

平坦な場所を選び、センタースタンドを使って車を立てる。

A1 ✕ 歩道も道路に含まれるので、車道の左端に沿って駐停車します。

A2 ○ 幅が0.75メートル以下（0.75メートルも含む）の路側帯では、車道の左端に沿って駐車します。

A3 ○ 3.5メートル以上の余地がないと自動車などが安全に通行できないので、原則として車の右側に余地をとらなければなりません。

踏切の通行方法

踏切の手前では ▶ 原則として直前で**一時停止**

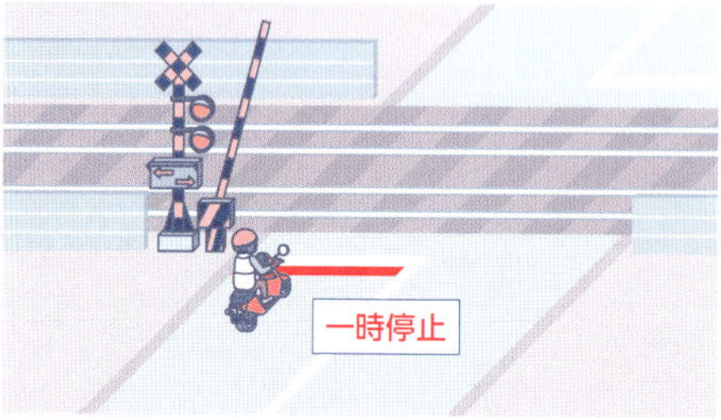

踏切の直前で**一時停止**して、自分の**目**と**耳**で左右の安全を確認する。

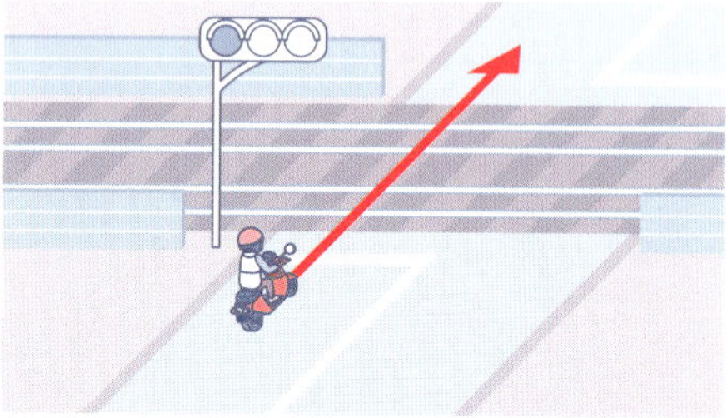

信号機がある踏切で**青**色の灯火のときは、**一時停止**せずに通過できる（**安全確認**は必要）。

踏切内の通過方法 ▶ **エンスト**と**落輪《らくりん》**を防止する

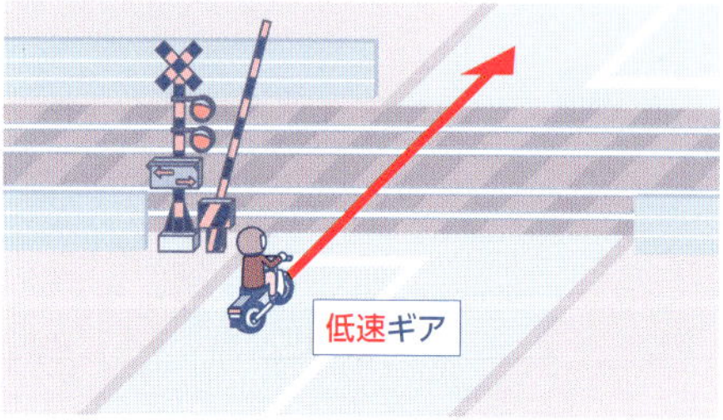

踏切内での**エンスト**防止のため、発進したときの**低速**ギアのまま、**変速**せずに一気に通過する。

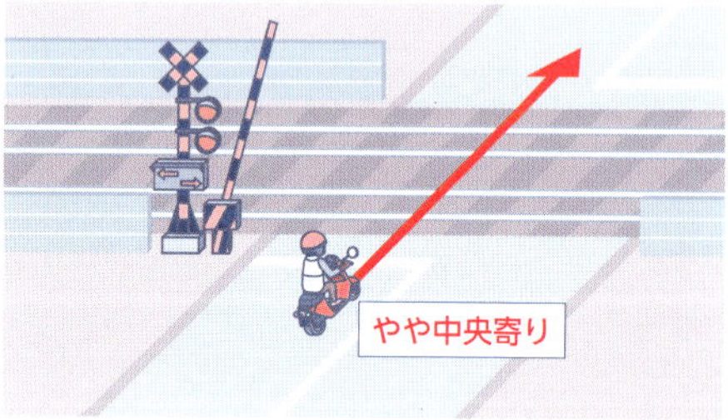

左側への**落輪**防止のため、踏切の**やや中央寄り**を対向車に注意して通行する。

頻出厳選3問

Q1 ▶ 信号機がある踏切が青信号を表示していても、その直前で一時停止と安全確認をしなければならない。

Q2 ▶ 踏切内では、対向車に注意して、踏切の左端に寄って通行する。

Q3 ▶ 踏切の直前で警報《けいほう》機《き》が鳴り始めたが、すぐに電車は来ないので、急いで踏切を通過した。

踏切通過の注意点 ▶ 電車が接近しているときは踏切に入らない

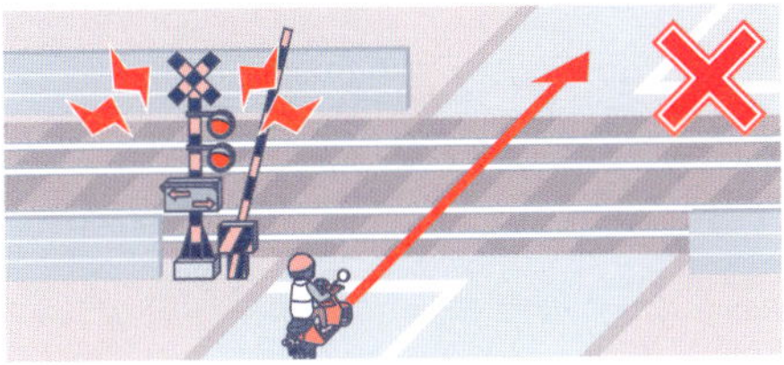

警報《けいほう》機《き》が鳴っているときは、踏切に入ってはいけない。

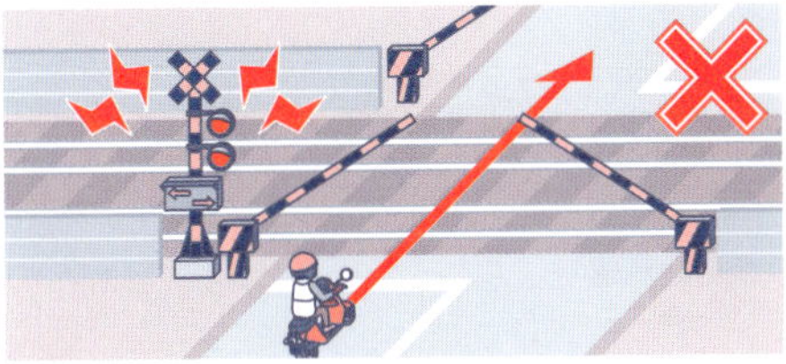

遮断《しゃだん》機《き》が下りているとき、下り始めているときは、踏切に入ってはいけない。

踏切の向こう側が混雑《こんざつ》していて、そのまま進むと踏切内で停止してしまうおそれがあるときは、踏切に入ってはいけない。

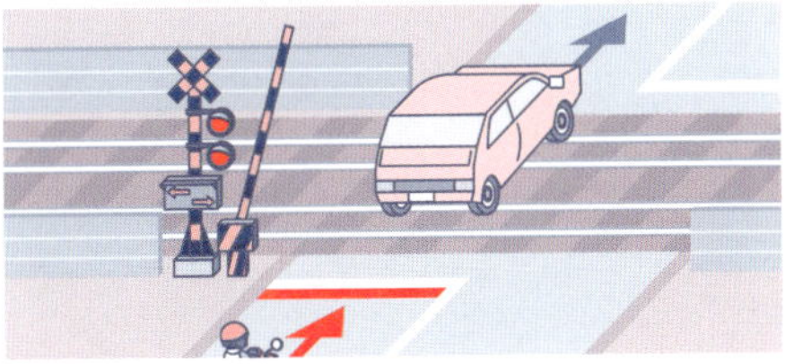

前車に続いて踏切を通行するときも、一時停止と安全確認を行わなければならない。

踏切内で車が動かなくなったとき ▶ 運転士に知らせて、車を踏切外に出す

警報機などにある非常ボタン（踏切支障《ししょう》報知装置《そうち》）を押すなどして、列車の運転士に知らせる。

二輪車の場合は車から降り、押して踏切の外に出す。

A1 ✕ 信号機が青色を表示している場合は、安全確認をすれば、一時停止せずに通過できます。

A2 ✕ 左端に寄ると落輪《らくりん》するおそれがあるので、対向車に注意して踏切のやや中央寄りを通行します。

A3 ✕ 警報機が鳴り始めたときは、踏切に入ってはいけません。

危険な場所・場合の運転❷

坂道・カーブの通行方法

坂道での注意点 ▶ 下り坂ではエンジンブレーキを活用

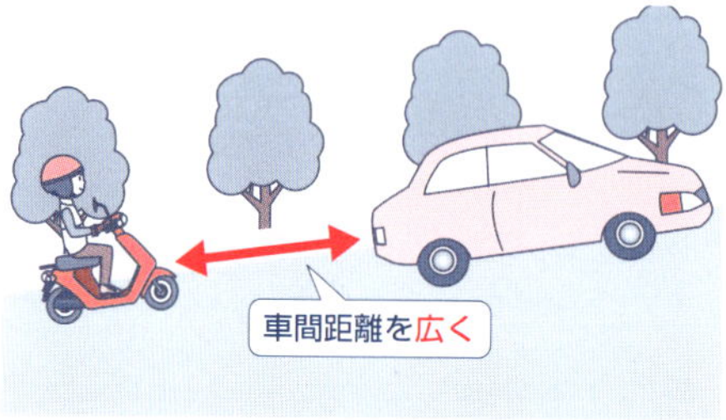

上り坂で停止したときは、前車が発進するときに後退《こうたい》してくるおそれがあるので、あまり接近しすぎない。

下り坂を通行するときは、低速ギアに入れてエンジンブレーキを活用する。

狭《せま》い坂道での行き違い ▶ 下りの車が上りの車に道を譲《ゆず》るのが原則

原則として、下りの車が停止して、発進のむずかしい上りの車に道を譲る。

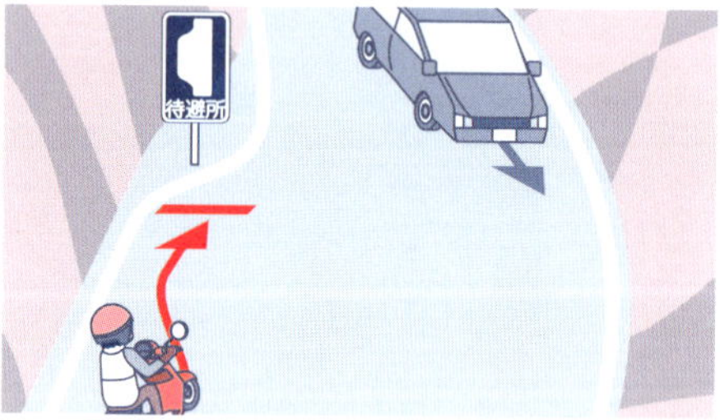

近くに待避所《たいひじょ》がある場合は、上りの車でもそこに入り、下りの車に道を譲る。

頻出厳選3問

Q1 ▶ 四輪車に続いて上り坂で停止するときは、前車が発進するときに後退《こうたい》してくることを考え、あまり接近しないようにする。

Q2 ▶ 狭《せま》い坂道での行き違いは、上りの車が停止して、下りの車に道を譲《ゆず》るのが原則である。

Q3 ▶ カーブを通行する二輪車は、車体を倒《たお》すと転倒《てんとう》するおそれがあるので、ハンドル操作《そうさ》だけで曲がるようにする。

カーブの通行方法 ▶ カーブに入る前に減速

1

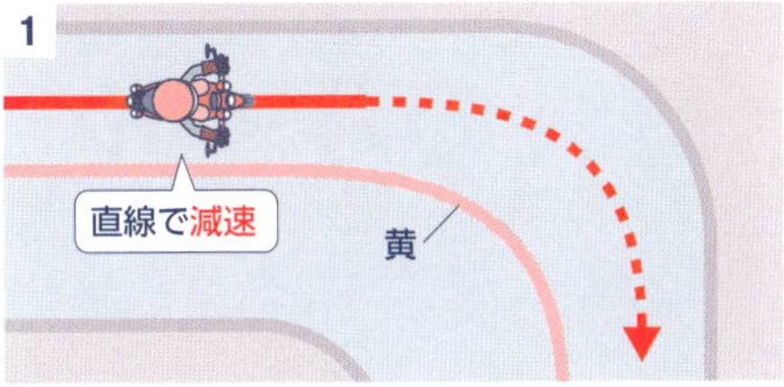

カーブの手前の直線部分で速度を十分落としておく。

2

カーブを通行中は、ハンドルを切るのではなく、車体をカーブの内側に傾《かたむ》け、自然に曲がるようにする。

3

カーブ内では、アクセル（スロットル）で速度を調整する。

4

カーブの後半で徐々に加速する。

行き違いの方法 ▶ がけ側、障害物《しょうがいぶつ》がある側が道を譲る

片側ががけになっている狭い山道では、転落《てんらく》の危険のあるがけ側の車が安全な場所に停止して、反対側の車に道を譲る。

前方に障害物がある場所では、障害物がある側の車が一時停止か減速をして、反対側の車に道を譲る。

A1 ○ 接近して停止すると、四輪車が坂の傾斜《けいしゃ》で後退して、衝突《しょうとつ》するおそれがあります。

A2 × 下りの車が、発進のむずかしい上りの車に道を譲るのが原則です。

A3 × ハンドル操作だけでカーブを曲がろうとすると、転倒する危険が高まります。

危険な場所・場合の運転❸

夜間の運転と灯火のルール

夜間運転するときの注意点 ▶ **速度**を落とし、視線は**遠く**に向ける

夜間は**見通しが悪い**ので、昼間より**速度を落として**運転する。

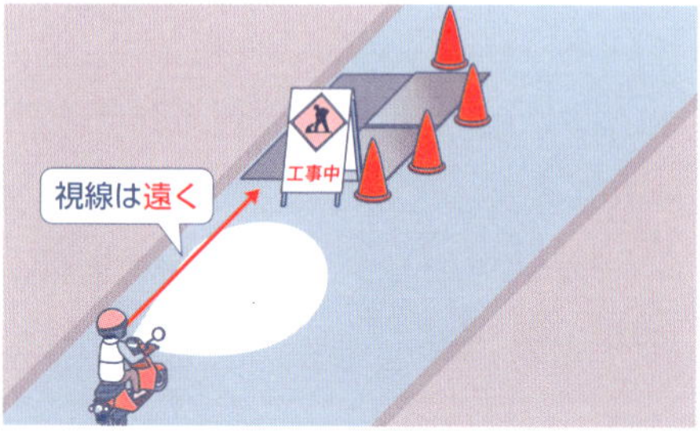

視線を**遠く**に向け、**前方の障害物《しょうがいぶつ》**をできるだけ早く発見するように努める。

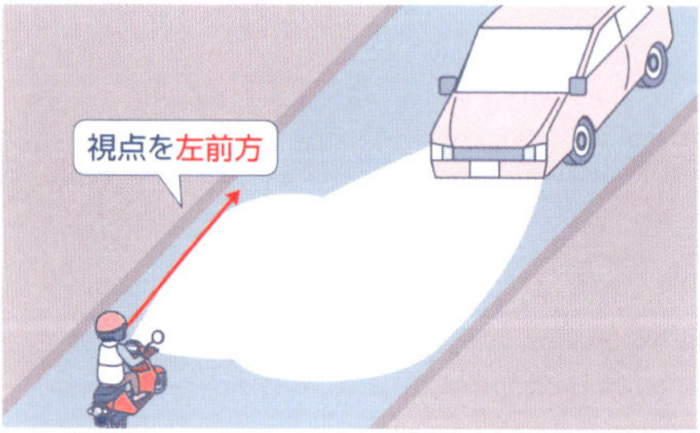

対向車のライトがまぶしいときは、視点を**左前方**に移し、**目がくらまない**ようにする。

自車と対向車のライトが重なると、そこにいる**歩行者が見えなくなる**（**蒸発《じょうはつ》**現象）ことがあるので注意する。

頻出厳選3問

Q1 ▶ 夜間は視界が悪くなるので、運転中の視線は、できるだけ先のほうへ向けるのがよい。

Q2 ▶ 前照灯《せんしょうとう》などの灯火は夜間運転するときにつけるものなので、昼間はつける必要はない。

Q3 ▶ 見通しのきかない交差点で前照灯を点滅させる合図は、まぎらわしいのでしてはいけない。

灯火をつけるとき ▶ 夜間と50メートル先が見えないとき

夜間（日没《にちぼつ》から日の出まで）道路を通行するとき。

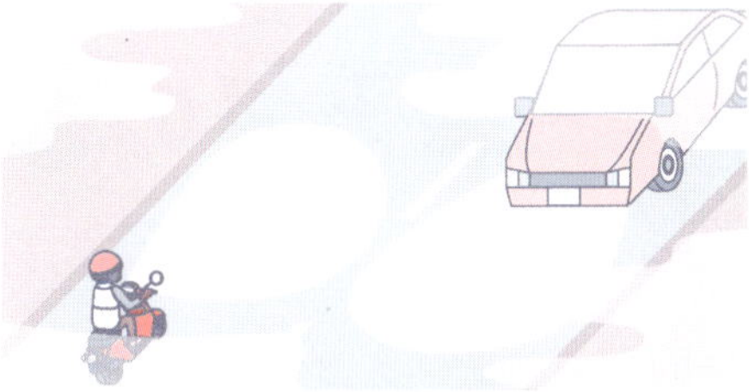

昼間でも、50メートル先が見えない状況《じょうきょう》のとき。

灯火のルール ▶ 他の運転者の迷惑《めいわく》にならないことを考える

前照灯《ぜんしょうとう》は上向きが基本だが、対向車と行き違うときは、前照灯を減光するか下向きに切り替える。

他の車の直後を通行するときは、前照灯を減光するか下向きに切り替える。

交通量の多い市街地《しがいち》の道路では、前照灯を下向きに切り替える。

見通しの悪い交差点などでは、前照灯を上向きのままにするか点滅させて、自車の接近を知らせる。

A1 ○ 夜間は視線をできるだけ先のほうへ向け、少しでも早く障害物《しょうがいぶつ》を発見するようにします。

A2 × 昼間でも、霧などで50メートル先が見えない状況《じょうきょう》のときは、前照灯などをつけなければなりません。

A3 × 見通しのきかない交差点やカーブの手前では、前照灯を操作《そうさ》して自分の車の存在を知らせる行為は有用です。

悪天候のときの運転

雨の日の運転 ▶ 速度を落とし、車間《しゃかん》距離を広くとる

路面が滑《すべ》りやすいので、速度を落とし、車間距離を広くとる。

雨の降り始めの舗装《ほそう》道路はとくに滑りやすいので、慎重《しんちょう》に運転する。

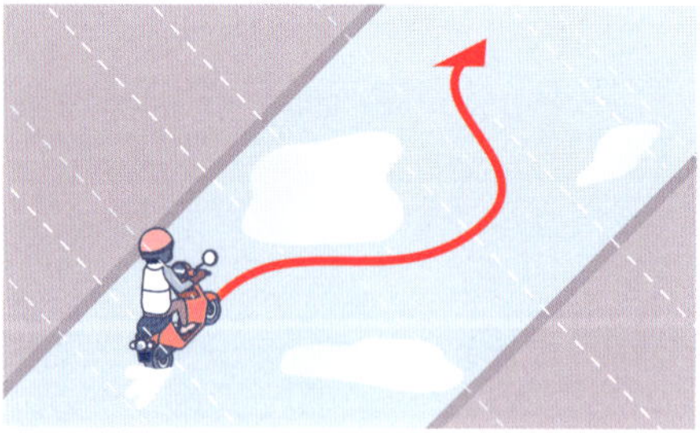

深い水たまりを通ると、ブレーキが効《き》かなくなるおそれがあるので避《さ》ける。

雨の日の山道は路肩《ろかた》がゆるんで崩《くず》れやすくなっていることがあるので、通行するときは左端に寄りすぎない。

頻出厳選3問

Q1 ▶ 雨の日は視界が悪く、路面も滑《すべ》りやすくなるので、ハンドルやブレーキ操《そう》作《さ》はとくに慎重《しんちょう》に、速度を落として運転する。

Q2 ▶ 霧の中での運転は視界が狭《せま》く危険なので、速度を落とし、前照灯《ぜんしょうとう》を上向きにつけるのがよい。

Q3 ▶ 雪道を運転するときは、車の通った跡《あと》を避《さ》け、それ以外の部分を通行する。

霧が出たときの運転 ▶ 前照灯《ぜんしょうとう》を下向きにつけ、必要に応じて警音器《けいおんき》を使用

視界がきわめて悪くなるので、前車の尾灯《びとう》やガードレールなどを目安に、速度を落として運転する。

危険防止のため、必要に応じて警音器を使用する。

前照灯を下向きにつける。

前照灯を上向きにつけると、光が霧に乱反射《らんはんしゃ》してかえって見えづらくなる。

雪道での運転 ▶ 車の通った跡《あと》（わだち）を選んで走行

二輪車はとくに転倒《てんとう》の危険が高まるので、できるだけ運転しない。

やむを得ず運転するときは、速度を落とし、車の通った跡（わだち）を選んで走行する。

A1 ○ 雨の日は悪条件が重なって危険なので、より慎重に運転することが大切です。

A2 × 前照灯を上向きにつけると光が霧に乱反射《らんはんしゃ》してかえって見えにくくなるので、下向きにつけます。

A3 × 雪道では、できるだけ車の通った跡（わだち）を選んで通行します。

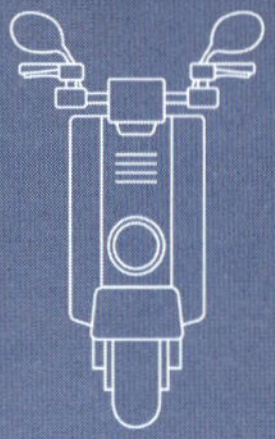

Motorcycle license

危険な場所・場合の運転⑤

交通事故が起きたとき

交通事故のときの措置《そち》 ▶ 続発《ぞくはつ》事故防止・負傷者《ふしょうしゃ》の救護《きゅうご》・警察官への報告

1
続発事故防止措置をとる

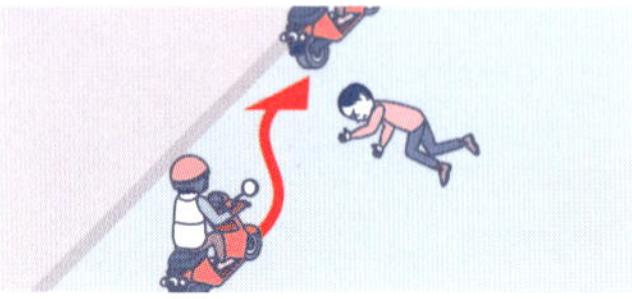

車を安全な場所に移動して、エンジンを切る。

車を移動しないと、二重事故の危険がある。

▼

2
負傷者を救護する

救急車を呼び、止血《しけつ》などの可能な応急救護処置《しょち》を行う。

頭部を負傷している人はむやみに動かさずに、救急車の到着《とうちゃく》を待つ。

▼

3
警察官に事故報告する

事故の状況《じょうきょう》などを警察官に報告する。

事故の程度にかかわらず、警察官に報告しなければならない。

頻出厳選3問

Q1 ▶ 交通事故が起きたときにまずしなければならないことは、警察官への事故報告である。

Q2 ▶ 交通事故で頭部に強い衝撃《しょうげき》を受けたが、とくに異常を感じなかったので、病院には行かずに過ごした。

Q3 ▶ 交通事故で負傷者がいる場合は、清潔《せいけつ》なハンカチなどで止血《しけつ》するなど、可能な応急救護処置《しょち》を行う。

交通事故が起きたときの心得 ▶ 事故現場は**火気**《かき》厳禁《げんきん》

事故現場に居合わせたら、**負傷者の救護**や**車両の移動**などに積極的に協力する。

ひき逃げを目撃したときは、**負傷者を救護**し、車のナンバーや車種などの特徴を**警察官**に届け出る。

頭部に強い衝撃《しょうげき》を受けたときは、外傷《がいしょう》がなくても、**医師の診断**《しんだん》を受ける。

医師の診断を受けないと、後日、**後遺症**《こういしょう》**が出る**おそれがある。

加害者と示談《じだん》が成立しても、必ず**警察官**に届け出る。

事故現場は**ガソリンが流れ出ている**場合があるので、**たばこを吸う**など火気を扱《あつか》ってはいけない。

A1 ✕ 事故の**続発**《ぞくはつ》**防止**措置《そち》、**負傷者**《ふしょうしゃ》**の救護**《きゅうご》を行ってから、警察官に事故報告します。

A2 ✕ 頭部に強い衝撃を受けたときは、**後日後遺症**《こういしょう》**が出る**おそれがあるので、**医師の診断**《しんだん》を受けます。

A3 ○ 負傷者はむやみに**動かさず**、止血など、可能な**応急救護処置**を行います。

危険な場所・場合の運転❻

緊急事態が発生したとき

走行中、大地震が起きたとき ▶ 原則として、車での避難《ひなん》はしない

1

急ハンドルや急ブレーキを避《さ》け、安全な方法で道路の左側に停止させる。

2

携帯電話などで情報を得て、周囲の状況《じょうきょう》に応じて行動する。

3

津波から避難するためやむを得ない場合を除き、車で避難してはいけない。

4

車を置いて避難するときは、できるだけ道路外の場所に車を移動する。

5

やむを得ず車を道路上に置いて避難するときは、エンジンを止め、エンジンキーは付けたままにするかわかりやすい場所に置き、ハンドルロックはしない。

注意

施錠《せじょう》してしまうと、緊急《きんきゅう》車両の通行の妨《さまた》げになった場合に移動できず、救護《きゅうご》活動などに支障《ししょう》が出る。

頻出厳選3問

Q1 ▶ 大地震が発生したときでも、やむを得ない場合を除き、車を使って避難《ひなん》するのは避ける。

Q2 ▶ 二輪車を運転中、エンジンの回転数が上がって下がらなくなった場合は、すぐに点火《てんか》スイッチを切る。

Q3 ▶ 走行中に後輪が右に横滑《すべ》りしたときは、ハンドルを左に切る。

運転中の緊急事態への対処法《たいしょほう》 ▶ 後輪の横滑《すべ》りは滑った方向にハンドルを切る

エンジンの回転数が上がって下がらないとき

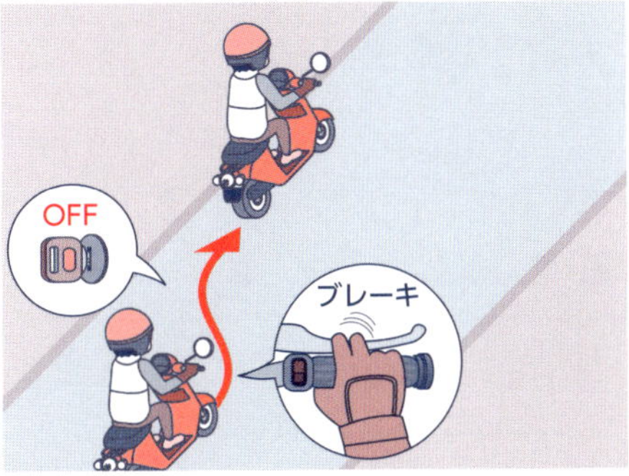

点火《てんか》スイッチを切り、ブレーキで減速し、道路の左側に寄って停止する。

走行中、タイヤがパンクしたとき

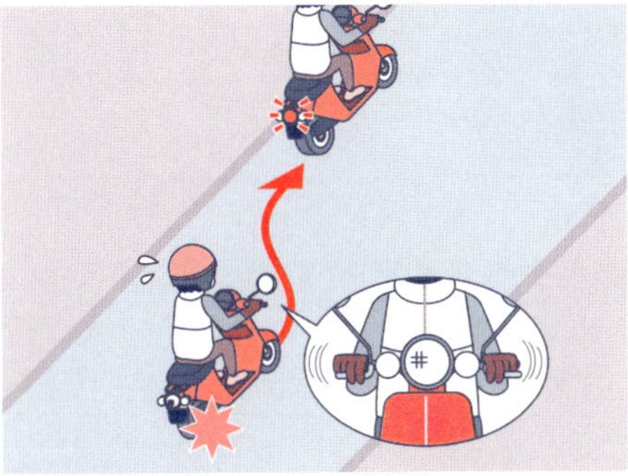

ハンドルをしっかり握り車体をまっすぐに保ち、アクセルをゆるめ、断続《だんぞく》ブレーキで速度を落とし、道路の左側に寄って停止する。

下り坂でブレーキが効《き》かなくなったとき

低速ギアに入れてエンジンブレーキを効《き》かせる。それでも減速しないときは、道路わきの土砂《どしゃ》に突っ込むなどして車を止める。

後輪が横滑りを始めたとき

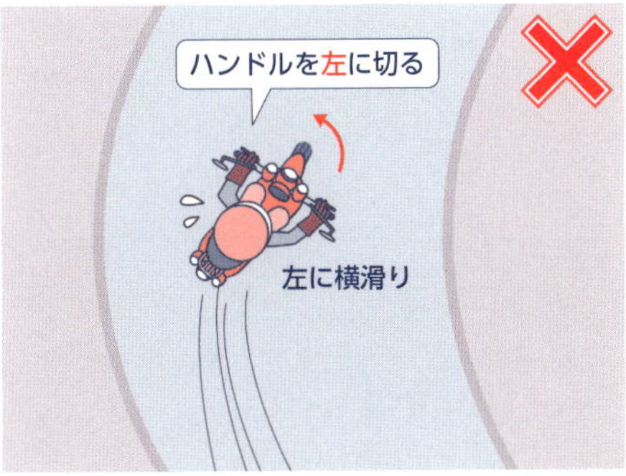

アクセルをゆるめ、後輪が滑った方向にハンドルを切って車の向きを立て直す。

A1 ○ 車で避難すると混乱《こんらん》を招くうえ、事故の危険も高まります。

A2 ○ 設問の場合は、点火スイッチを切ってエンジンの回転を止めます。

A3 × 後輪が滑った方向にハンドルを切るので、設問の場合はハンドルを右に切って車の向きを立て直します。

危険な場所・場合の運転 ⑦

危険を予測した運転

●描かれたイラストの場面の危険を予測する

「危険を予測した運転」がテーマのイラスト問題は、運転している人の目線で実際の交通の場面が再現《さいけん》されています。この場面には、どのような危険が潜《ひそ》んでいるか、どのように運転するのが安全かを問う問題で、(1)～(3)の正誤を判断します。

●2問ともまちがえてしまうと「−4点」となる

イラスト問題は2問出題され、(1)～(3)の3つの設問すべてに正解して2点となります。2問ともまちがえてしまうと「−4点」となり、合格がむずかしくなります。イラストをよく見れば、これから起こりうる危険が読み取れ、危険回避《かいひ》の運転方法もわかるはずです。

イラスト問題はここをチェック!

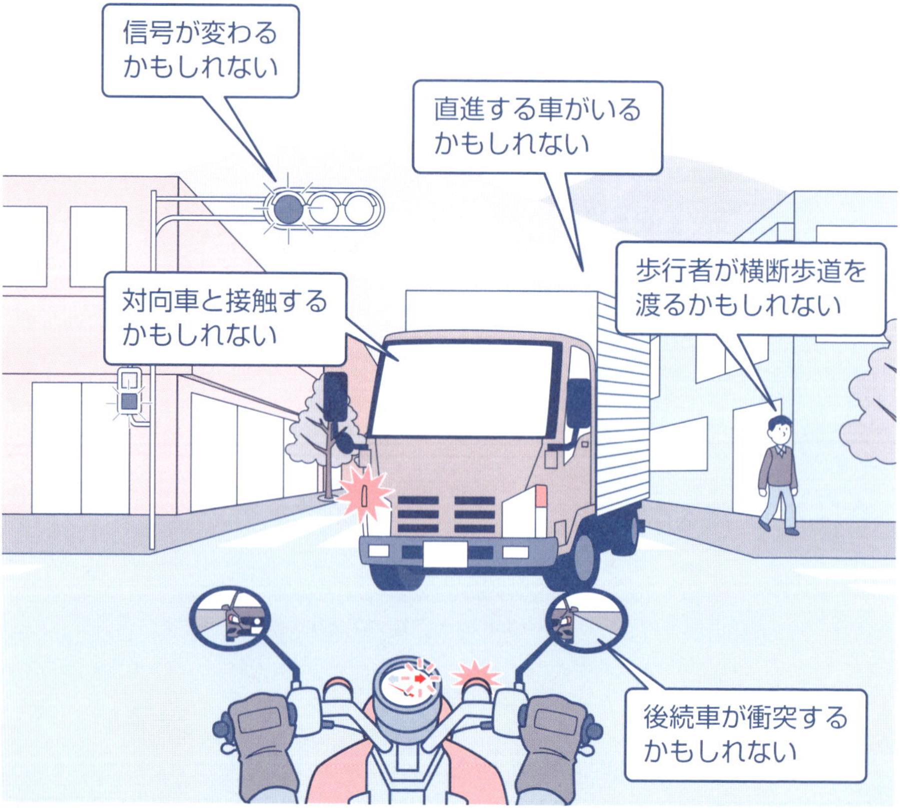
信号が変わる
かもしれない
直進する車がいる
かもしれない
歩行者が横断歩道を
渡るかもしれない
対向車と接触する
かもしれない
後続車が衝突する
かもしれない

Part 2

実力判定テスト よく出る240題

合格するための4つのコツ

1 用語の意味を正しく覚える！

交通用語には、ふだん聞き慣れないものが多くあります。用語の意味を正しく理解していないと、正解できないケースもあります。

[例]　徐行《じょこう》とは、走行中の速度を半分に落とすことをいう。
[答]　× 徐行とは、ブレーキをかけてから1メートル以内で停止できる速度で、おおよそ時速10キロメートル以下の速度。

2 例外がある問題に注意する！

問題文に「必ず」「どんな場合も」「すべての」などのことばがある場合は、例外がないか注意します。「原則として」ということばは、例外があることを意味します。

[例]　安全地帯の側方を通過するときは、必ず徐行しなければならない。
[答]　× 安全地帯に人がいない場合は、徐行する必要はありません。

3 数字は正しく覚える！

数字が出てくる問題は、正しく覚えていないと正誤が判断できません。また、範囲を示す言葉にも要注意。「以上・以下」はその数字を含み、「超える・未満」はその数字を含みません。

4 まぎらわしい標識に注意する！

デザインが似ている標識は、色や形に注意して正しく覚えておきましょう。

実力判定テスト 第1回

- 本試験制限時間30分
- 45点以上合格

問1～46：1問1点　問47・48：1問2点（3つとも正解の場合）

次の問題を読み、正しいものには○、誤っているものには×をつけなさい。

問1　車両通行帯は、車が一定の区分に従って通行するように区画されている帯状の車道の部分をいう。

問2　運転計画を立てるのは長距離を運転するときだけでよく、それ以外の場合は立てる必要はない。

問3　原動機付自転車は、図1の標識がある場所を通行することができない。

図1

問4　道路の曲がり角付近を通行するときは、見通しにかかわらず、徐《じょ》行《こう》しなければならない。

問5　エンジンの総排気量90ccの二輪車は、原動機付自転車となる。

問6　原動機付自転車は、片側2車線の交差点で、とくに指定がなければ、青色の右向き矢印の交差点を右折または転回《てんかい》できる。

問7　交差点の直前で緊急《きんきゅう》自動車が近づいてきたときは、交差点内で一時停止して、進路を譲《ゆず》ればよい。

問8　車が進路を変えずに前車の前方に出る行為は、追い越しではなく追い抜きになる。

問9　踏切は危険な場所なので、できるだけ早く通過するため、高速ギアにシフトチェンジすることが大切である。

問10　図2の標示がある場所では、転回することはできないが、道路の右側の施設《しせつ》に入るための横断は禁止されていない。

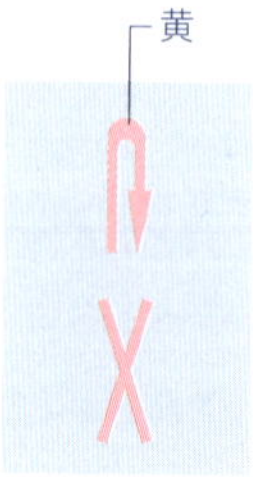

図2

問11　住民などの迷惑《めいわく》になる騒音《そうおん》を生じさせる急発進、急加速、から吹《ぶ》かしなどをしてはならない。

問12　道路工事の区域の端から5メートル以内の場所は、駐車も停車も禁止されている。

問13　歩道のない道路の左端を自転車が通行しているとき、そのそばを徐行して通過した。

問14　最高速度時速20キロメートルに指定されている道路でも、原動機付自転車は時速30キロメートルで運転することができる。

正解とポイント解説

問1 ○ 車両通行帯は車線·レーンともいい、2車線以上の道路を「車両通行のある道路」といいます。

問2 × 長距離を運転するとき以外も、コースや所要時間などについて計画を立てておきます。

問3 ○ 図1は「車両通行止め」の標識で、車(自動車、原動機付自転車、軽車両《けいしゃりょう》)は通行できません。

問4 ○ 道路の曲がり角付近は、徐行しなければならない場所に指定されています。

問5 × 総排気量90ccの二輪車は、普通自動二輪車となります。

問6 ○ 設問のような交差点では、原動機付自転車は右折と転回をすることができます。

問7 × 交差点を避《さ》け、道路の左側に寄って一時停止しなければなりません。

問8 ○ 追い抜きは、車が進路を変えずに、進行中の前車の前方に出る行為をいいます。

問9 × 踏切内でのシフトチェンジはエンストのおそれがあるので避《さ》け、発進したときの低速ギアのまま一気に通過します。

問10 ○ 図2の「転回禁止」の標示があっても、道路の右側の施設に入るための横断はすることができます。

問11 ○ 急発進、急加速、から吹かしは他の人の迷惑になるので、してはいけません。

問12 × 道路工事の区域の端から5メートル以内は駐車禁止場所で、停車は禁止されていません。

問13 ○ 自転車のそばを通るときは、徐行するか安全な間隔《かんかく》をあけなければなりません。

問14 × 設問の道路では、原動機付自転車も時速20キロメートルを超えて運転できません。

問15 車は、中央線から左側部分を通行するのが原則だが、中央線は道路の中央にあるとは限らない。

問16 図3は路線バス等の専用通行帯なので、前方の交差点を左折する場合を除き、原動機付自転車は通行することができない。

図3

問17 車が右・左折するときに生じる内輪差《ないりんさ》とは、車が曲がるとき、前輪が後輪より内側を通ることによる軌跡《きせき》の差のことをいう。

問18 原付免許で運転できるのは、原動機付自転車だけである。

問19 原動機付自転車が、歩行者専用道路を徐行《じょこう》して通行した。

問20 夜間、対向車の前照灯《ぜんしょうとう》がまぶしいときは、視点をやや左前方に移し、目がくらまないように運転する。

問21 警察官が交差点で図4の手信号をしているとき、矢印の方向の車は信号機の黄色の灯火信号と同じ意味を表す。

図4

問22 二輪車の制動灯《せいどうとう》の点検は、ブレーキレバーを握ったり、ブレーキペダルを踏んだりして行う。

問23 「路線バス等」には、路線バス以外に、観光バスや通学・通園バスも含まれる。

問24 こう配《ばい》の急な下り坂は追い越し禁止場所だが、こう配の急な上り坂は追い越し禁止場所には指定されていない。

問25 故障《こしょう》による車の停止はやむを得ないので、駐停車禁止場所に車を止めておいてもよい。

問26 車の制動にかかわる摩擦力《まさつりょく》は、路面やタイヤの状態によって大きく変わる。

問27 図5の標示は、この先に横断歩道または自転車横断帯があることを表す。

図5

問28 原動機付自転車を運転するときであっても、短い区間であればヘルメットをかぶらなくてもよい。

問29 運転者が行う右・左折などの合図は、その行為が終わってから約3秒後にやめなければならない。

問30 原動機付自転車は、前方が青信号であっても、二段階右折が必要な交差点では、自動車と同じ方法で右折することができない。

問15 ○ 中央線が片側に寄っている場合や、時間によって中央線が変わる場合などがあります。

問16 × 原動機付自転車は、図3の路線バス等の「専用通行帯」を通行することができます。

問17 × 内輪差は、車が曲がるとき、後輪が前輪より内側を通ることによる軌跡の差です。

問18 ○ 原付免許では、原動機付自転車だけしか運転することができません。

問19 × 歩行者専用道路は、通行が認められた車以外、車は通行できません。

問20 ○ 視点をやや左前方に移し、目がくらまないように運転することが大切です。

問21 ○ 腕を頭上に上げた手信号で、身体の正面に平行する交通は、信号機の黄色の灯火と同じ意味を表します。

問22 ○ 制動灯はブレーキレバーやブレーキペダルに連動しているので、設問のように点検します。

問23 × 通学・通園バスは路線バス等に含まれますが、観光バスは含まれません。

問24 ○ こう配の急な坂は、下り坂だけ追い越し禁止場所です。

問25 × 故障による車の停止は駐車になるので、駐停車禁止場所に止めてはいけません。

問26 ○ 路面が濡《ぬ》れていたり、タイヤがすり減っていたりすると、摩擦力が低下し、停止するまでの距離が長くなります。

問27 ○ 図5は、「横断歩道または自転車横断帯あり」の標示です。

問28 × 原動機付自転車を運転するときは、どんな場合でも乗車用ヘルメットをかぶらなければなりません。

問29 × 運転者の合図は、その行為が終わってすみやかにやめなければなりません。

問30 ○ 二段階右折が必要な交差点では、右折する地点まで直進し、その地点で向きを変えることまでできます。

問31 □ やむを得ず進路変更するときは、バックミラーや目視《もくし》で周囲の安全を確認してから行う。

問32 □ 図6のマークを表示している車を追い越す行為は禁止されている。

図6

問33 □ 傷病者《しょうびょうしゃ》の救護《きゅうご》のためやむを得ない場合は、車の右側に3.5メートル以上の余《よ》地《ち》がとれない場所でも駐車することができる。

問34 □ 深い水たまりを通行しても、ブレーキの効《き》きに影響《えいきょう》することはない。

問35 □ 路面電車を追い越すときは、原則としてその左側を通行する。

問36 □ 片側が転落《てんらく》のおそれがある狭《せま》い山道で行き違いをするときは、がけ側の車が先に通行することができる。

問37 □ 図7の標示内への停止は禁止されているが、通行は禁止されていない。

図7

問38 □ カーブを通行するときは、直線部分で加速して、カーブに入ってからブレーキをかけるのが基本である。

問39 □ 車の停止距離は、空走《くうそう》距離と制動《せいどう》距離を合わせた距離をいう。

問40 □ 子どもが道路を1人で歩いている場合は、一時停止か徐行《じょこう》をして、安全に通行できるようにしなければならない。

問41 □ 原動機付自転車を運転するときは、荷台の幅から左右に荷物をはみ出してはならない。

問42 □ ブレーキをかけるときは、車体を垂直《すいちょく》に、ハンドルを切らずにエンジンブレーキを効《き》かせ、前・後輪ブレーキを同時に操作《そうさ》する。

問43 □ 図8の標識がある場所で、道路の右側部分にはみ出さないで前の車を追い越した。

図8

問44 □ 緊急《きんきゅう》の用務ではない消防自動車が近づいてきても、とくに進路を譲《ゆず》る必要はない。

問45 □ 一方通行の道路で右折するときは、あらかじめできるだけ道路の右端に寄らなければならない。

問46 □ 交通事故を起こしたが軽い物損《ぶっそん》の場合は、警察官に届け出る必要はない。

問31 ○ 他の交通の妨《さまた》げにならないように、安全確認をしっかり行ってから進路変更します。

問32 × 図6の「初心者《しょしんしゃ》マーク」を付けた車（準中型自動車を除く）に対する割り込みや幅寄せは禁止されていますが、追い越しは禁止されていません。

問33 ○ 設問の場合と、荷物の積みおろしで運転者がすぐに運転できる場合は余地がなくても止められます。

問34 × ドラム式のブレーキ装置《そうち》の場合、ブレーキドラムに水が入ると、ブレーキの効きが悪くなることがあります。

問35 ○ 軌道《きどう》が道路の左端に寄って設けられている場合を除き、路面電車の左側を通行するのが原則です。

問36 × 転落の危険があるがけ側の車が安全な場所に停止して、反対側の車を先に行かせます。

問37 × 図7は「立入り禁止部分」の標示で、車は入ってはいけません。

問38 × 直線部分で速度を落としてカーブに入り、カーブ内ではブレーキをかけないですむようにします。

問39 ○ 空走距離＋制動距離が停止距離になります。

問40 ○ 子どもが1人で歩いている場合は、一時停止か徐行をして保護します。

問41 × 荷物の幅は、荷台から左右にそれぞれ0.15メートルまではみ出すことができます。

問42 ○ 車体を垂直に保たない、またはハンドルを切った状態でブレーキをかけると、転倒《てんとう》するおそれがあります。

問43 ○ 図8は「追越しのための右側部分はみ出し通行禁止」の標識を表し、右側部分にはみ出さなければ追い越しはできます。

問44 ○ 緊急自動車は緊急の用務で運転している自動車をいい、緊急の用務以外の場合は進路を譲る必要はありません。

問45 ○ 一方通行の道路は対向車がないので、あらかじめできるだけ道路の右端に寄ります。

問46 × 交通事故は、その程度にかかわらず、警察官に届け出なければなりません。

問47 青色の灯火信号を表示している交差点を左折しようとするとき、どのようなことに注意して運転しますか?

（1）□ 右折の合図をしている対向車は、自車の左折を待ってくれるので、すばやく左折する。

（2）□ 左折方向の横断歩道を横断している歩行者の通行を妨《さまた》げないように、その手前で一時停止し、横断するのを待つ。

（3）□ 対向車が先に右折し、歩行者が横断し終えたら安全なので、時速15キロメートルで左折する。

問48 時速20キロメートルで進行しています。前方に路線バスが停車しているときは、どのようなことに注意して運転しますか?

（1）□ 対向車があるかどうかがよくわからないので、前方の安全を確認してから、バスの側方を通過する。

（2）□ 歩行者がバスのすぐ前を横断するかもしれないので、警音器《けいおんき》を鳴らし、注意してバスの側方を通過する。

（3）□ 歩行者がバスのすぐ前を横断するかもしれないので、いつでも止まれる速度に落とし、注意して進行する。

問47

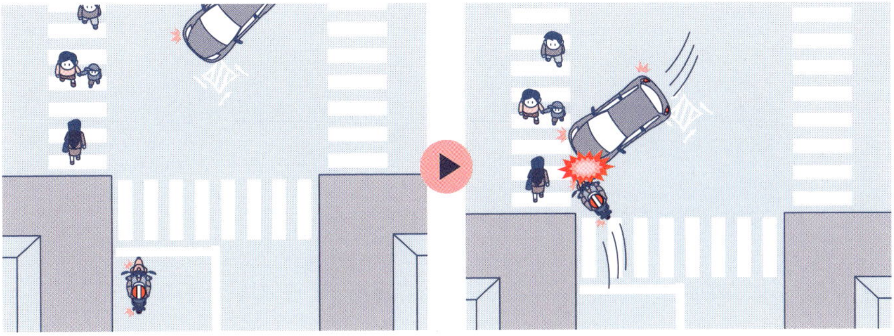

（1） ✕ 左折車優先でも、対向車が先に右折してくるおそれがあります。

（2） ○ 歩行者の横断を待ってから左折します。

（3） ✕ 左折するときは、徐行《じょこう》(時速10キロメートル以下)しなければなりません。

問48

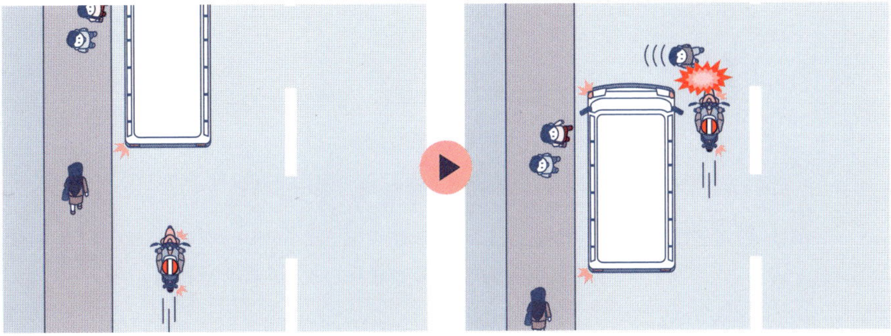

（1） ○ 対向車の有《う》無《む》など、前方の安全を確認します。

（2） ✕ 警音器は鳴らさずに、速度を落とし、注意して進みます。

（3） ○ いつでも止まれる速度に落とし、歩行者の飛び出しに備えます。

実力判定テスト　第②回

● 本試験制限時間30分
● 45点以上合格

問1～46：1問1点　問47・48：1問2点（3つとも正解の場合）

次の問題を読み、正しいものには○、誤っているものには×をつけなさい。

問1 □ 交差点の直前に「一時停止」の標識があったが、交差する道路を通行する車がなかったので、停止せずに交差点に入った。

問2 □ 免許の区分で、原付免許は第一種免許になる。

問3 □ 図1のAを通行する車は、黄色の線をはみ出して追い越しをしてはならない。

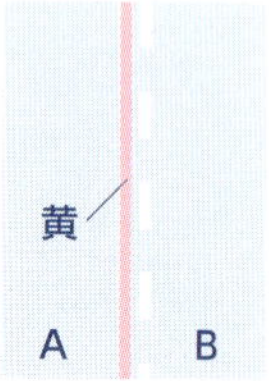

図1

問4 □ 原動機付自転車に荷物を積むときは、荷台からはみ出してはならない。

問5 □ 停留所で停止している路線バスが発進の合図をしたとき、後方の車は急ブレーキをかけてでも、その発進を妨《さまた》げてはならない。

問6 □ 前車が道路の中央（一方通行の道路では右端）に寄って通行しているときは、追い越しをしてはならない。

問7 □ 駐停車禁止場所であっても、警察官の命令に従《したが》う場合は、車を止めることができる。

問8 □ 二輪車を運転するときは、ゲタやハイヒールを避《さ》けるべきである。

問9 □ 「車両横断禁止」の標識がある場所でも、道路の左側に面した施設《しせつ》に入るときは、左折して横断することができる。

問10 □ 図2の標識がある場所で、原動機付自転車が時速40キロメートルで運転した。

図2

問11 □ エンジンを止めた二輪車を押して歩く場合でも、歩道を通行してはならない。

問12 □ 原動機付自転車を運転するときは、天候や路面の状態などを考え、前車に追突《ついとつ》しないような安全な車間《しゃかん》距離をとらなければならない。

問13 □ 警察官が交差点で腕を垂直に上げている場合、どの方向の交通も、信号機の黄色の灯火信号と同じ意味を表す。

問14 □ 原動機付自転車のマフラーを取り外《はず》しても運転には支障《ししょう》がないので、そのまま運転してもかまわない。

正解とポイント解説

問1 ×
「一時停止」の標識がある場合は、交差道路の交通の有無《うむ》にかかわらず、一時停止しなければなりません。

問2 ○
第一種免許は、自動車や原動機付自転車を運転しようとするときに必要な免許です。

問3 ○
図1は「追越しのための右側部分はみ出し通行禁止」の標示で、黄色の線が引かれたAからははみ出し追い越しできません。

問4 ×
原動機付自転車の荷台には、後方に0.3メートルまで、左右に各0.15メートルまではみ出して荷物を積めます。

問5 ×
急ブレーキや急ハンドルで避《さ》けなければならないようなときは、そのまま進行できます。

問6 ×
設問のような場合は、前車の左側を通行して追い越しができます。

問7 ○
設問の場合のほか、信号など法令の規定に従う場合や危険防止のためであれば駐停車できます。

問8 ○
ゲタやハイヒールは運転操作《そうさ》の妨げとなるので、ブーツや運動靴《ぐつ》で運転します。

問9 ○
「車両横断禁止」の標識は、道路の右側に面した場所に出入りするための右折を伴う横断を禁止しています。

問10 ×
図2は「最高速度時速40キロメートル」の標識ですが、原動機付自転車は法定速度の時速30キロメートルを超えてはいけません。

問11 ×
エンジンを止めた二輪車を押して歩く場合は歩行者となる（側車付きのもの、けん引《いん》時を除く）ので、歩道を通行できます。

問12 ○
路面が濡《ぬ》れているときなどでは停止距離が長くなるので、天候や路面の状態などを考えた安全な車間距離で運転します。

問13 ×
警察官の身体の正面に対面または背面《はいめん》する交通は、信号機の赤色の灯火信号と同じ意味を表します。

問14 ×
マフラー（消音器《しょうおんき》）を取り外して運転すると、騒音《そうおん》で周囲に迷惑《めいわく》がかかるので、そのような車を運転してはいけません。

問15 原動機付自転車は、強制《きょうせい》保険か任意《にんい》保険のどちらかに加入しなければならない。

問16 図3の標識は、交差する道路が優先道路であることを表す。

図3

問17 ミニカーは、総排気量50cc以下、または定格出力0.60キロワット以下の原動機を有する車で、原付免許で運転できる。

問18 規制《きせい》速度とは、標識や標示で最高速度が指定されているときの最高速度をいう。

問19 幼児の乗り降りのために停止中の通園バスのそばを通る場合は、後方で一時停止して安全を確認しなければならない。

問20 二輪車のエンジンブレーキを活用するときは、アクセルを戻したり、低速ギアに入れたりする。

問21 図4は、自転車専用道路であることを表す標示である。

図4

問22 夜間、交通量の多い市街地《しかいち》の道路を通行するときは、前照灯《ぜんしょうとう》を上向きにする。

問23 道路工事などで左側部分だけでは通行するのに十分な幅がないときは、道路の中央から右側部分にはみ出して通行できる。

問24 原動機付自転車が二段階右折しなければならない交差点では、あらかじめできるだけ道路の中央に寄る。

問25 自動車用の車庫の出入口から3メートル以内の場所は駐車をしてはいけないが、車庫の所有者であれば駐車してもかまわない。

問26 交通整理が行われている左右の見通しのきかない交差点では、徐行《じょこう》の必要はない。

問27 原動機付自転車を運転するとき、荷台に図5のように荷物を積むのは違反《いはん》である。

図5

問28 規制標識は、道路上の危険や注意すべき状況《じょうきょう》などを前もって道路利用者に知らせて、注意をうながすものである。

問29 運転中に霧が発生したので、警音器《けいおんき》を鳴らしながら運転した。

問30 横断歩道とその手前から30メートル以内の場所では、横断歩行者がいる場合に限り、追い越しが禁止されている。

問15 ×
強制保険（自動車損害賠償《そんがいばいしょう》責任保険または自動車損害賠償責任共済）には、必ず加入しなければなりません。

問16 ×
図3は「優先道路」の標識で、この標識がある道路が優先道路であることを表します。

問17 ×
ミニカーの規格《きかく》は設問のとおりですが、普通自動車となるので、原付免許では運転できません。

問18 ○
規制速度は設問のとおりで、標識や標示で指定されていない場合の法令で定められた最高速度が法定速度です。

問19 ×
必ずしも一時停止の義務はなく、徐行《じょこう》して安全を確かめます。

問20 ○
エンジンブレーキは、アクセル（スロットル）の戻し、または低速ギアに入れるシフトダウンにより行います。

問21 ×
図4は「自転車横断帯」の標示で、自転車が道路を横断する場所であることを表します。

問22 ×
交通量の多い市街地の道路で前照灯を上向きにすると、ほかの運転者の迷《めい》惑《わく》になるので、下向きに切り替えて運転します。

問23 ○
左側部分だけでは通行できないような道路では、右側部分にはみ出して通行できます。

問24 ×
二段階右折では交差点の向こう側まで直進するので、あらかじめできるだけ道路の左端に寄ります。

問25 ×
車庫の所有者でも、自動車用の出入口から3メートル以内では駐車してはいけません。

問26 ○
信号機などにより交通整理が行われている交差点では、左右の見通しのきかない場合でも、徐行の必要はありません。

問27 ○
原動機付自転車の荷台に積める荷物の高さは、地上から2メートル以下です。

問28 ×
設問の説明は警戒《けいかい》標識で、規制標識は特定の交通方法を禁止したり、特定の方法に従って通行するように指定したりするものです。

問29 ×
霧のときは、危険防止のため、必要に応じて警音器を使いますが、鳴らしながら運転してはいけません。

問30 ×
歩行者の有無《うむ》にかかわらず、横断歩道とその手前から30メートル以内は追い越し禁止です。

問31 □ 運転中に大地震が発生したときは、急ブレーキを避《さ》けるなど、できるだけ安全な方法で道路の左側に停止させる。

問32 □ 歩行者と軽車両《けいしゃりょう》は、図6の路側帯《ろそくたい》を通行することができる。

図6

問33 □ 車（車両）の区分は、自動車、原動機付自転車、軽車両《けいしゃりょう》に分類される。

問34 □ 近くに学校や幼稚園がある場所では、児童や幼児が急に飛び出してくるおそれがあるので、徐行《じょこう》しなければならない。

問35 □ 運転免許証に記載《きさい》されている眼鏡《かんきょう》等使用などの条件を守らずに運転するのは違反《いはん》である。

問36 □ 原動機付自転車は、緊急《きんきゅう》自動車が近づいてきても、とくに進路を譲《ゆず》る必要はない。

問37 □ 図7のような交通整理が行われていない道幅が同じ交差点では、自動車は原動機付自転車に道を譲らなければならない。

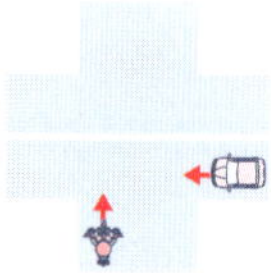
図7

問38 □ 交通事故を起こしたが負傷者《ふしょうしゃ》はいなかったので、用事をすませるために現場を離れた。

問39 □ 車は、「左折可」の標示板がある交差点でも、信号に従って横断している歩行者の通行を妨《さまた》げてはならない。

問40 □ 前車に続いて踏切を通過するときは、とくに一時停止する必要はない。

問41 □ 大型自動車に続いて左折する原動機付自転車は、大型自動車の運転者の死角《しかく》に入らないように注意することが大切である。

問42 □ 走行中の視力は、明るい場所から暗い場所に入ると一時急激《きゅうげき》に低下するが、暗い場所から明るい場所に出たときは変化はない。

問43 □ 図8は本標識に取り付けられる補助標識で、規制《きせい》区間の終わりを表す。

図8

問44 □ 進路の前方に障害物《しょうがいぶつ》がある場所での行き違いは、障害物がある側の車が先に通行できる。

問45 □ トンネル内は暗くて危険なので、駐停車が禁止されている。

問46 □ 交差点で対向車が進路を譲ってくれたときは、警音器《けいおんき》を鳴らして合図をするのが運転者のマナーである。

問31 ○ 急ブレーキや急ハンドルを避け、道路の左側に車を停止させます。

問32 × 図6の標示は「歩行者用路側帯」を表し、歩行者しか通行できません。

問33 ○ 車(車両)は、設問の3つに分類されます。

問34 × 設問の場所では、児童や幼児に注意しなければなりませんが、徐行の義務はありません。

問35 ○ 運転免許証に記載されている条件を守らないと「免許条件違反」となります。

問36 × 原動機付自転車でも、緊急自動車が近づいてきたら、進路を譲らなければなりません。

問37 × 交差点内に中央線などが引かれている道路が優先するので、図7の場合は自動車が先に通行できます。

問38 × 警察官が到着するまで、事故現場から離れてはいけません。

問39 ○ 「左折可」の標示板があれば車は左折できますが、歩行者の通行を妨げてはいけません。

問40 × 踏切を通過するときは、信号機に従うときを除き、一時停止しなければなりません。

問41 ○ 大型自動車は内輪差《ないりんさ》が大きいうえ、左側に死角があるので、左折時の巻き込まれや接触《せっしょく》に注意が必要です。

問42 × 明るさが急に変わると、どちらの場合も視力は一時急激に低下します。

問43 ○ 図8は、本標識が示す規制区間の「終わり」を表す補助標識です。

問44 × 障害物がある側の車が一時停止か減速をして、対向車を先に行かせます。

問45 ○ トンネル内での駐停車は危険度が高いので禁止されています。

問46 × 警音器を鳴らすのではなく、前照灯《ぜんしょうとう》を点滅させるなど、ほかの方法で対向車に合図をします。

問47 時速30キロメートルで進行しています。交差点を直進するときは、どのようなことに注意して運転しますか?

（1） □ 前方の信号は青色の灯火を表示しており、とくに危険もないので、安全に通過することができる。

（2） □ 歩行者用信号が赤になっており、前方の信号が黄色に変わることを予測して、急ブレーキで速度を落とす。

（3） □ 前方の信号が黄色に変わることを予測して、断続《たんぞく》ブレーキで速度を落とす。

問48 時速30キロメートルで進行しています。どのようなことに注意して運転しますか?

（1） □ 子どもは歩道を歩いており、とくに危険はないので、速度を落とさずに通過する。

（2） □ この先は急カーブになっているので、対向車に注意して速度を落とす。

（3） □ 子どもの急な飛び出しに備え、このままの速度で道路の右側に寄って進行する。

問47

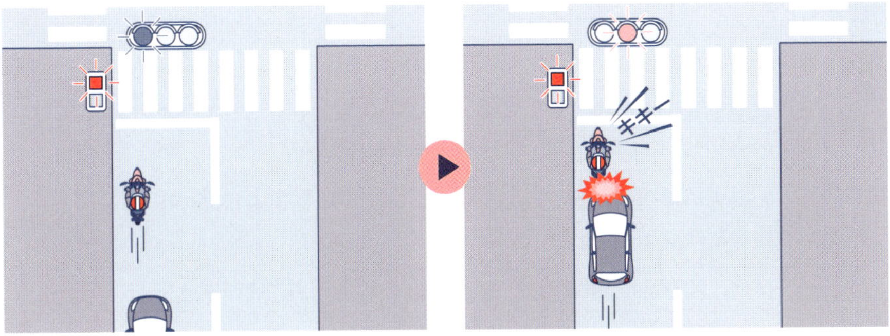

（1） × 歩行者用信号が赤になっているので、信号が間もなく黄色に変わるおそれがあります。

（2） × 急に速度を落とすと、後続車に追突《ついとつ》されるおそれがあります。

（3） ○ 断続ブレーキで、後続車に速度を落とすことを伝えます。

問48

（1） × 子どもが突然、車道に飛び出してくるおそれがあります。

（2） ○ 対向車がいるときのことを考え、速度を落とします。

（3） × まず速度を落とし、道路の左側を子どもの飛び出しに注意して進行します。

実力判定テスト 第3回

問1～46：1問1点　問47・48：1問2点（3つとも正解の場合）

- 本試験制限時間30分
- 45点以上合格

次の問題を読み、正しいものには○、誤っているものには×をつけなさい。

問1 □ 安全地帯のない停留所に停車中の路面電車に追いついたとき、乗降客がいる場合は、後方に停止していなければならない。

問2 □ 警察官の手信号には従わなければならないが、交通巡視員《じゅんしいん》の手信号には従う必要はない。

問3 □ 自動二輪車や原動機付自転車は、図1の標識がある場所を通行することができない。

図1

問4 □ 交差点付近の一方通行路を通行中、緊急《きんきゅう》自動車が近づいてきたので、交差点に入らず、道路の左側に寄って一時停止した。

問5 □ 原動機付自転車は、時速30キロメートルで走行している前車を追い越してはならない。

問6 □ 後ろの車が自分の車を追い越そうとしていたので、前車を追い越すために急いで進路を右に変えた。

問7 □ 交差点の端から10メートルの場所に駐停車する行為は禁止されている。

問8 □ 車は「安全地帯」の標識や標示のある場所には停止してはならないが、通過することは認められている。

問9 □ 夜間、前車の直後を通行するとき、前照灯《ぜんしょうとう》を下向きに切り替えて運転した。

問10 □ 図2の手による合図は、原動機付自転車が左折または左方に進路変更することを表す。

図2

問11 □ 原動機付自転車を運転中の携帯電話の操作《そうさ》は、危険なのでしてはならない。

問12 □ 車からたばこの吸いがら、紙くずなどを道路に投げ捨ててはならない。

問13 □ 二輪車で踏切を通行中、車が動かなくなったときは、車から降り押して踏切の外に出す。

問14 □ 信号機のある片側2車線の道路の交差点では、どんな場合も、原動機付自転車は自動車と同じ方法で右折しなければならない。

正解とポイント解説

問1 ○ 設問のようなときは、**路面電車の後方に停止**して待たなければなりません。

問2 × 交通巡視員は交通整理などを行う**警察職員**で、警察官と同様に、**手信号**には従わなければなりません。

問3 ○ 図1は、「**二輪の自動車・原動機付自転車通行止め**」の標識です。

問4 ○ 設問の場合は、**交差点**を避《さ》け、道路の**左**側（進路を妨《さまた》げる場合は**右**側）に寄って**一時停止**します。

問5 ○ 追い越しをするときでも、原動機付自転車は時速**30**キロメートルを超えてはいけません。

問6 × 後ろの車が自分の車を追い越そうとしているときは、前車を**追い越してはい**けません。

問7 × 交差点とその端から**5**メートル以内が駐停車禁止場所です。

問8 × 車は、「安全地帯」の標識や標示のある場所には**入ってはい**けません。

問9 ○ 前照灯を上向きのままにすると前車の運転者を**げん惑《わく》する**おそれがあるので、**下向き**に切り替えます。

問10 ○ 左腕を水平に伸ばす合図は、**左折**または**左方**への進路変更を意味します。

問11 ○ 運転前に携帯電話の**呼出音が鳴らない**ようにしておくことも大切です。

問12 ○ 通行している人の**妨害《ぼうがい》**や**迷惑《めいわく》**になる行為をしてはいけません。

問13 ○ 二輪車は車体が**小さい**ので、**押して**車を踏切の外に出します。

問14 × 「原動機付自転車の右折方法（**二段階**）」の標識がある場合は、原動機付自転車は**二段階右折**しなければなりません。

問15 □ ギア付きの原動機付自転車が長い下り坂を通行するときは、エンジンブレーキを活用するため、ギアを高速に入れる。

問16 □ 車両通行帯が図3のように区画されている道路では、原則として黄色の線を越えて進路変更してはならない。

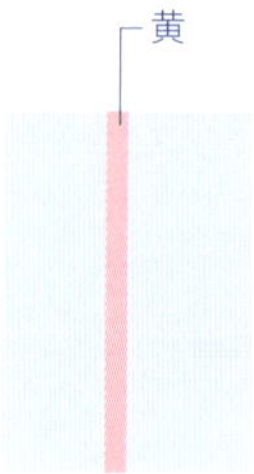

図3

問17 □ 軌《き》道《どう》敷《しき》内《ない》は駐停車禁止場所だが、路面電車の運行が終了すれば、駐停車が認められている。

問18 □ 黄色の点滅信号に対面した車は、停止位置で一時停止してから進まなければならない。

問19 □ 原動機付自転車の荷台に積める荷物の長さは、荷台から0.3メートルを超えてはならない。

問20 □ 「警笛《けいてき》区間」の標識がある区間内の見通しのきかない曲がり角を通行するときは、警音《けいおん》器《き》を鳴らさなければならない。

問21 □ 図4の標識がある交差点では、直進や左折をしてはならない。

図4

問22 □ 原動機付自転車は、他の車をけん引《いん》することができない。

問23 □ 運転の疲《ひ》労《ろう》は目にもっとも強く現れ、その度合いが高まるにつれて見落としや見誤《あやま》りが多くなる。

問24 □ 上り坂の頂上付近は、見通しが悪く危険なので、追い越し禁止場所に指定されている。

問25 □ 二輪車のバックミラーの位置は、発進してから調整するのがよい。

問26 □ 交通事故が起きたときの続発《ぞくはつ》事故防止措《そ》置《ち》とは、車を安全な場所に移動させてエンジンを切ることをいう。

問27 □ 図5は、この先が行き止まりであることを表す警戒《けいかい》標識である。

図5

問28 □ 二輪車は風の抵抗《ていこう》を受けやすいので、できるだけ前かがみの姿《し》勢《せい》で運転するべきである。

問29 □ 二輪車であっても、他の車に危険を与えるようなジグザグ運転などをしてはならない。

問30 □ 原動機付自転車を運転中、警察官から免許証の提《てい》示《じ》を求められたが、急いでいたのでその要請《ようせい》を断《ことわ》った。

問15 ×
エンジンブレーキは低速ギアほど制動効果《せいどうこうか》が高いので、高速ギアに入れるのは危険です。

問16 ○
図3は「進路変更禁止」の標示で、黄色の線を越えて進路変更してはいけません。

問17 ×
軌道敷内は、路面電車の運行時間にかかわらず、終日駐停車してはいけません。

問18 ×
黄色の点滅信号では一時停止する必要はなく、他の交通に注意して進めます。

問19 ○
荷物の長さは、荷台から0.3メートルまではみ出すことができます。

問20 ○
設問の場所を通るときは、警音器を鳴らさなければなりません。

問21 ×
図4は「指定方向外進行禁止（右折禁止）」の標識で、交差点で直進と左折しかできません。

問22 ×
原動機付自転車は、リヤカーなどをけん引できます。

問23 ○
運転の疲労は目にもっとも強く現れるので、疲労を感じたら休息をとり、目を休めてから運転します。

問24 ○
上り坂の頂上付近での追い越しは、危険なので禁止されています。

問25 ×
発進してから調整するのは危険なので、後方がよく見えるように事前に調整します。

問26 ○
車を安全な場所に移動させてエンジンを切り、続発事故を防ぎます。

問27 ×
図5は「T形道路交差点あり」の警戒標識で、行き止まりではありません。

問28 ×
前かがみの姿勢は前方の安全確認が不十分になりやすいので、背筋《せすじ》を伸ばした姿勢で運転します。

問29 ○
ジグザグ運転は、他の車に危険を与える運転になるので、してはいけません。

問30 ×
警察官から免許証の提示を求められたときは、断ってはいけません。

問31 □ 左右の見通しのきかない交差点にさしかかったが、優先道路を通行していたので、安全確認をしてそのままの速度で通過した。

問32 □ 図6の標示は、最低速度時速30キロメートルを表す。

図6

問33 □ 運転者が疲れているときは、危険を認知《にんち》してから判断《はんだん》するまでに時間がかかるので、空走《くうそう》距離と制動《せいどう》距離が長くなる。

問34 □ 信号機があり、停止線やすぐ近くに横断歩道·自転車横断帯がない交差点での車の停止位置は、信号機の直前である。

問35 □ 標識によって進行方向が指定されている交差点では、矢印の方向以外の方向に進んではならない。

問36 □ 標識で横断が禁止されている場所は、同時に転回《てんかい》も禁止されている。

問37 □ 図7の標識がある区間内の見通しがきかない交差点では、警音《けいおん》器《き》を鳴らさなければならない。

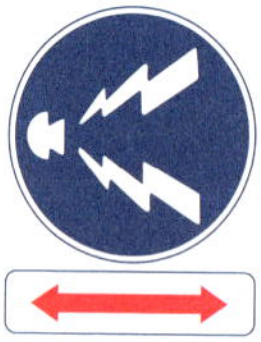
図7

問38 □ 中央線が黄色の1本線の道路では、右側部分にはみ出す追い越しが禁止されている。

問39 □ 停留所で停止中の路線バスが発進の合図をしたときは、原則としてその発進を妨《さまた》げてはならない。

問40 □ 横断歩道の直前に停止している車があるときは、そのそばを通って前方に出る前に一時停止しなければならない。

問41 □ 「右側通行」の標示がある場所では、はみ出し方をできるだけ少なくする必要はない。

問42 □ 走行中にタイヤがパンクしたときは、ハンドルをしっかり持ち、車の方向を立て直す。

問43 □ 図8の標示は安全地帯を表し、車は通行することができない。

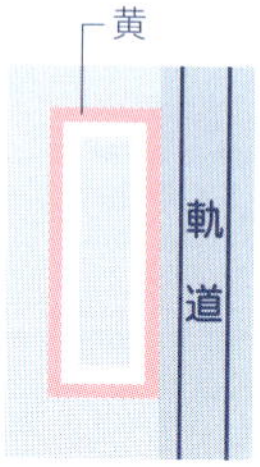

図8

問44 □ 水たまりのある場所を通行するときは、歩行者に泥《どろ》や水をはねないように速度を落として通行する。

問45 □ 軽車両《けいしゃりょう》は、自転車だけのことをいう。

問46 □ 幅が0.75メートルを超える白線2本の路側帯《ろそくたい》がある道路では、路側帯の中に入って駐停車することができる。

問31 ○ 左右の見通しのきかない交差点でも、優先道路を通行している場合は、とくに徐行《じょこう》の義務はありません。

問32 × 図6は最低速度ではなく、「最高速度時速30キロメートル」を表します。

問33 × 空走距離は長くなりますが、制動距離は変わりません。

問34 × 設問の場合の停止位置は、交差点の直前です。

問35 ○ 「指定方向外進行禁止」の標識がある交差点では、車は矢印方向へだけ進めます。

問36 × 「車両横断禁止」の標識がある場所でも、転回が禁止されているとは限りません。

問37 ○ 図7の「警笛《けいてき》区間」の標識がある区間内の、見通しがきかない交差点、曲がり角、上り坂の頂上では警音器を鳴らします。

問38 ○ 黄色の中央線は、「追越しのための右側部分はみ出し通行禁止」の意味を表します。

問39 ○ 急ブレーキや急ハンドルで避《さ》けなければならない場合を除き、路線バスの発進を妨げてはいけません。

問40 ○ 横断歩道を歩行者が横断している場合があるので、一時停止して安全を確認します。

問41 × 「右側通行」の標示があっても、対向車が来る危険を考え、はみ出し方を最小限にしなければなりません。

問42 ○ 設問のようにし、急ブレーキを避け、断続《だんぞく》ブレーキで車を止めます。

問43 ○ 図8は「安全地帯」の標示で、車は入っていけません。

問44 ○ 歩行者に泥や水をはねないように、速度を落とし、注意して運転します。

問45 × 自転車のほか、リヤカー、荷車、牛馬なども軽車両になります。

問46 × 白線2本の路側帯は「歩行者用路側帯」なので、幅が広い場合でも中に入って駐停車できません。

問47 時速30キロメートルで進行しています。前方に停止車両があるときは、どのようなことに注意して運転しますか？

（1） □ 進路の前方に停止車両があるので、その手前で停止するなどして、対向車に道を譲《ゆず》る。

（2） □ 停止車両と対向車の間を通行できそうなので、加速して進行する。

（3） □ 対向車より先に停止車両の側方を通行するため、警音器《けいおんき》を鳴らして合図をする。

問48 時速30キロメートルで進行しています。どのようなことに注意して運転しますか？

（1） □ この先は急カーブになっているので、速度をさらに落として進行する。

（2） □ カーブの先が見えにくいので、中央線をややはみ出して通行する。

（3） □ この先は急カーブになっているので、速度を落とし、ハンドル操作《そうさ》だけで運転する。

問47

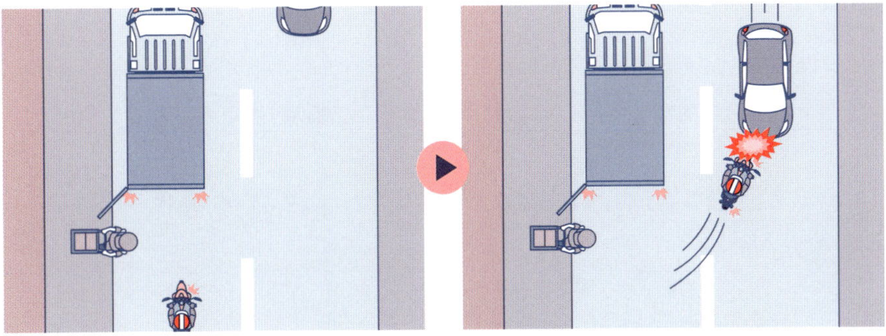

（1） ○ 一時停止か減速をして、対向車に道を譲ります。

（2） × 原動機付自転車は、時速30キロメートルを超えてはいけません。

（3） × 警音器は鳴らさずに、一時停止か減速をして対向車に道を譲ります。

問48

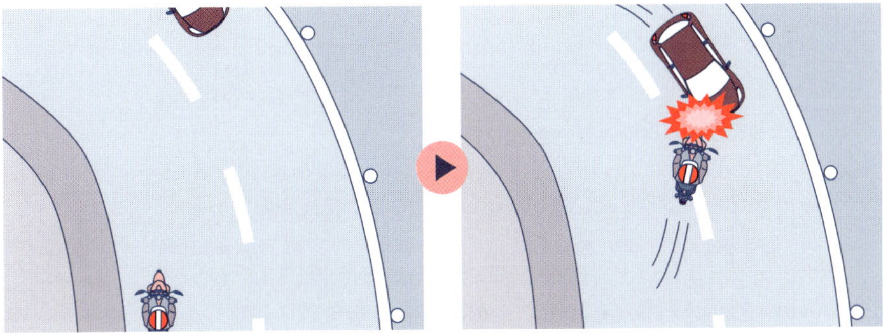

（1） ○ 急カーブでは、速度を落として慎重《しんちょう》に運転するようにします。

（2） × 中央線をはみ出すと、対向車と衝突《しょうとつ》するおそれがあります。

（3） × ハンドル操作だけで曲がろうとすると、転倒《てんとう》する危険が高まります。

実力判定テスト 第4回

- 本試験制限時間30分
- 45点以上合格

問1～46：1問1点　問47・48：1問2点（3つとも正解の場合）

次の問題を読み、正しいものには○、誤っているものには×をつけなさい。

問1 道路の曲がり付近では、自動車、原動機付自転車、軽車両《けいしゃりょう》を追い越してはならない。

問2 上り坂の頂上付近は、その先の交通状況《じょうきょう》がわからないので、徐《じょ》行《こう》しなければならない。

問3 図1の標識がある場所は、道路の左側の施設《しせつ》に入るための左折を伴《ともな》う横断も禁止されている。

図1

問4 小型特殊免許を持っていれば、原動機付自転車を運転することができる。

問5 濡《ぬ》れた路面を走行するときや、タイヤがすり減っているときは、摩擦抵抗《まさつていこう》が低下するので、制動《せいどう》距離が長くなる。

問6 黄色の矢印信号は、路面電車と路線バス専用の信号である。

問7 二輪車から離れるときは、ハンドルをロックし、エンジンキーを携帯し、施錠装置《せじょうそうち》をつけるなど、盗難《とうなん》防止措置《そち》をとる。

問8 特定の交通方法を禁止したり、指定したりする標示は、規制《きせい》標示である。

問9 前方の交差点で左折するため、交差点の手前の側端から30メートルの地点で左折の合図を始めた。

問10 図2は、この先に横断歩道があることを表す警戒《けいかい》標識である。

図2

問11 片側3車線以上の道路を通行する原動機付自転車は、もっとも右側の通行帯を避《さ》ければ、どの通行帯を通行してもよい。

問12 70歳以上の人が原動機付自転車を運転するときは、車に高齢者マークを表示する。

問13 二段階右折の原動機付自転車が交差点を右折するとき、左端が左折レーンになっている場合は、その通行帯を通行できない。

問14 車など（車両等）の区分は、車（車両）と路面電車に分けられる。

正解とポイント解説

問1 ×
道路の曲がり付近で自動車や原動機付自転車を追い越してはいけませんが、軽車両を追い越す行為は禁止されていません。

問2 ○
上り坂の頂上付近は、徐行しなければならない場所に指定されています。

問3 ×
図1の「車両横断禁止」の標識は、右折を伴う道路の右側への横断が禁止されています。

問4 ×
小型特殊免許で運転できるのは、小型特殊自動車だけです。

問5 ○
タイヤと路面との摩擦抵抗が低下するので、ブレーキが効《き》き始めてから車が停止するまでの制動距離が長くなります。

問6 ×
黄色の矢印信号は路面電車専用の信号で、路線バスは矢印の方向に進めません。

問7 ○
設問のような盗難防止措置と、車が倒れないような危険防止措置をしてから車から離れます。

問8 ○
標示には2種類があり、設問の内容は規制標示です。

問9 ○
交差点で左折するときは、その30メートル手前の地点に達したときに左折の合図をします。

問10 ×
図2は「学校、幼稚園、保育所等あり」の警戒標識です。

問11 ×
原動機付自転車は、原則としてもっとも左側の通行帯を通行します。

問12 ×
高齢者マークは、70歳以上の人が普通自動車を運転するときに付けるものです。

問13 ×
設問のような道路でも、原動機付自転車は道路の左端に寄って通行します。

問14 ○
車など（車両等）は、自動車、原動機付自転車、軽車両《けいしゃりょう》の「車（車両）」と「路面電車」に分けられます。

問15 こう配《ばい》の急な坂とは、傾斜《けいしゃ》が5パーセント以上の坂をいう。

問16 図3の標示がある場所で原動機付自転車を止め、5分以内で荷物の積みおろしを行った。

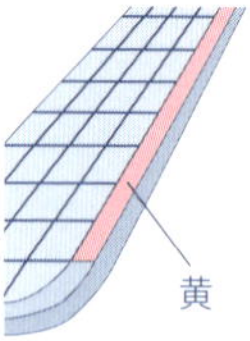

図3

問17 疲れているとき、病気のとき、心配事のあるときは、運転を控《ひか》えるようにする。

問18 踏切とその前後30メートル以内の場所では、追い越しをしてはならない。

問19 路線バス等の専用通行帯は、原動機付自転車、小型特殊自動車、軽車両《けいしゃりょう》も通行することができる。

問20 雨の降り始めの舗装《ほそう》道路はとくに滑《すべ》りやすくて危険なので、注意して運転する必要がある。

問21 図4の道路を通行している原動機付自転車は、矢印のように前車を追い越すことができる。

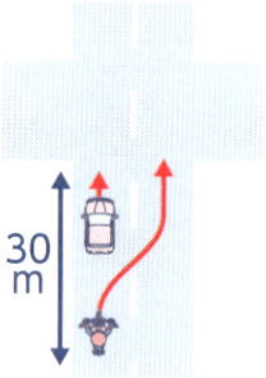

図4

問22 人の乗り降りのための車の停止は、時間にかかわらず停車になる。

問23 二輪車の正しいブレーキ操作《そうさ》は、まず後輪ブレーキをかけてから前輪ブレーキをかけるのがよい。

問24 横断歩道の手前で歩行者が横断しようとしていたので、速度を上げ、急いで横断歩道を通過した。

問25 交差点を右折するときは、対向車が進路を譲ってくれても、二輪車が直進してくることを予測して運転することが大切である。

問26 交通事故の現場《げんば》はガソリンが流れ出ている場合があるので、たばこを吸うのは危険である。

問27 図5は、前方の信号にかかわらず、左折してもよいことを表す標示板である。

図5

問28 車両通行帯が黄色の線で区画されている道路でも、道路工事などの場合は、黄色の線を越えて進路変更してもよい。

問29 原動機付自転車を運転中、交差点の直前で前方の信号が黄色に変わったときは、必ず停止位置で停止しなければならない。

問30 車が衝突《しょうとつ》したときの衝撃力《しょうげきりょく》は、速度の二乗《じょう》に比例して大きくなる。

問15 ×　傾斜が10パーセント（100メートルで10メートル上る、または下る）以上の坂がこう配の急な坂となります。

問16 ×　図3は「駐停車禁止」の標示で、5分以内の荷物の積みおろしのための停車もできません。

問17 ○　思わぬ事故につながるおそれがあるので、運転を控えるか、体調がよくなってから運転します。

問18 ×　踏切とその手前から30メートル以内が追い越し禁止場所で、踏切の先30メートル以内は追い越し禁止場所ではありません。

問19 ○　路線バス等以外に、原動機付自転車、小型特殊自動車、軽車両も専用通行帯を通行できます。

問20 ○　舗装道路は、雨の降り始めがもっとも滑りやすいといわれています。

問21 ○　交差点から30メートル以内の場所でも、原動機付自転車は優先道路を通行しているので、追い越しができます。

問22 ○　人の乗り降りのための車の停止は、どんな場合も停車になります。

問23 ×　二輪車のブレーキは、前・後輪ブレーキを同時に操作するのが基本です。

問24 ×　歩行者が横断しようとしている場合は、停止位置で一時停止して道を譲《ゆず》らなければなりません。

問25 ○　すぐに右折すると、対向車のかげから直進してくる二輪車と衝突《しょうとつ》するおそれがあります。

問26 ○　ガソリンが流れ出ているおそれがあるので、火気厳禁《かきげんきん》です。

問27 ×　図5の地が青で矢印が白の標識は「一方通行」で、左折可の標示板ではありません。

問28 ○　通行帯が通行できない場合は、黄色の線を越えて進路変更してもかまいません。

問29 ×　黄色の信号に変わったとき、急ブレーキをかけなければ停止位置で停止できないときは、そのまま進めます。

問30 ○　衝撃力は速度の二乗に比例して大きくなるので、速度が2倍になると衝撃力は4倍になります。

問31 □ 進路変更するときは、合図を出してから安全確認するのがよい。

問32 □ 原動機付自転車は、図6の信号が表示されている交差点を右折したり、転回《てんかい》したりしてはならない。

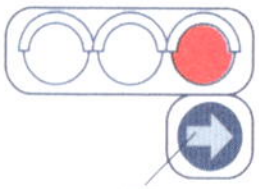

図6

問33 □ 二輪車は四輪の運転者から見落とされやすいので、視認性《しにんせい》のよいウェアで運転することを心がける。

問34 □ 安全地帯の左側とその前後10メートル以内は駐車禁止場所で、停車は禁止されていない。

問35 □ 原動機付自転車でリヤカーをけん引《いん》するときの荷物の重量制限は、120キログラム以下である。

問36 □ 交差点内やその付近ではない一方通行路以外で緊急《きんきゅう》自動車に進路を譲《ゆず》るときは、道路の左側に寄って徐行《じょこう》する。

問37 □ 図7の標示は、路線バス等の優先通行帯であることを表す。

図7

問38 □ 夜間は一般的に交通量が少なくなるので、昼間より速度を上げて運転してもとくに危険はない。

問39 □ 信号のない道幅が同じ交差点で、右方から路面電車が進行してきたが、自分の車は左方なので先に進んだ。

問40 □ カーブを曲がるときは、ハンドルを切るのではなく、車体を傾《かたむ》けることによって自然に曲がるような要領《ようりょう》で行う。

問41 □ 原動機付自転車のタイヤの点検は、空気圧だけを確認すればよい。

問42 □ 原動機付自転車の法定速度は時速30キロメートルであるから、つねに法定速度で運転することが安全運転につながる。

問43 □ 図8は、道路が急こう配《ばい》であることを表している。

図8

問44 □ 踏切での安全確認は、一方の方向だけでなく、両方向について行う必要がある。

問45 □ 安全地帯のそばを通るときは、つねに徐行しなければならない。

問46 □ 道路に面した場所に入るために歩道を横切る場合は、歩行者の有無《うむ》にかかわらず、その直前で一時停止しなければならない。

問31 ×
まずバックミラーなどで安全を確認してから合図を出し、もう一度安全確認してから進路を変えます。

問32 ×
二段階右折しなければならない交差点では右折や転回はできませんが、それ以外の場合は右折や転回できます。

問33 ○
二輪の運転者は、見落とされないような視認性のよいウェアで運転することが大切です。

問34 ×
安全地帯の左側とその前後10メートル以内は、駐停車禁止場所に指定されています。

問35 ○
リヤカーには、120キログラムまで荷物を積んで運転できます。

問36 ×
設問の道路では、道路の左側に寄って進路を譲ればよく、徐行の必要はありません。

問37 ×
図7は路線バス等の「専用通行帯」を表す標示です。

問38 ×
夜間は視界が悪く危険なので、昼間よりも速度を落とし、慎重《しんちょう》に運転します。

問39 ×
設問のような交差点では、右方・左方に関係なく、路面電車の進行を妨《さまた》げてはいけません。

問40 ○
ハンドル操作《そうさ》だけで曲がろうとすると、転倒《てんとう》するおそれがあります。

問41 ×
原動機付自転車のタイヤは、亀裂《きれつ》の有無《うむ》、溝《みぞ》の深さなどについても点検します。

問42 ×
道路の状況《じょうきょう》や天候などを考え、法定速度以下の速度で運転することが安全運転につながります。

問43 ×
図8は、「安全地帯」を表す指示標識です。

問44 ○
一方の方向の列車が通過しても、反対方向から列車が近づいていることもあります。

問45 ×
安全地帯に歩行者がいるときだけ、徐行しなければなりません。

問46 ○
歩道を横切る場合は、歩行者がいてもいなくても、必ず一時停止しなければなりません。

問47 時速20キロメートルで進行しています。どのようなことに注意して運転しますか?

(1) □ 前方の横断歩道を横断する歩行者はいないので、このままの速度で横断歩道を通過する。

(2) □ 横断歩道の近くにいる人が横断するかもしれないので、加速して横断歩道を通過する。

(3) □ 横断歩道を歩行者が横断し始めたときは、停止線の直前で停止する。

問48 夜間、時速20キロメートルで進行しています。どのようなことに注意して運転しますか?

(1) □ 前方の交差点は見通しが悪いので、速度を時速10キロメートル以下に落として進行する。

(2) □ 右方の交差道路から接近してくる車があるので、速度を落とし、十分注意して進行する。

(3) □ 右方の交差道路から接近してくる車に自車の存在を知らせるため、前照灯《ぜんしょうとう》を上向きのままにするか点滅させる。

問47

（1） × 横断歩道の近くにいる人が、横断歩道を横断するおそれがあります。

（2） × 横断するかわからないときは、停止できるように速度を落として進みます。

（3） ○ 横断歩道を横断し始めたときは、停止位置で停止し、道を譲《ゆず》ります。

問48

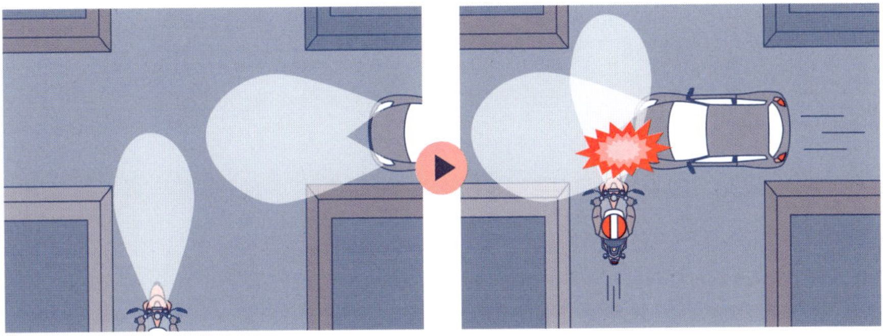

（1） ○ 見通しのきかない交差点を通行するときは、徐行《じょこう》(時速10キロメートル以下)しなければなりません。

（2） ○ 右方の車に注意して、速度を落として進みます。

（3） ○ 前照灯を上向きのままにするか点滅させて、自車の接近を知らせます。

実力判定テスト　第⑤回

- 本試験制限時間30分
- 45点以上合格

問1～46：1問1点　問47・48：1問2点（3つとも正解の場合）

次の問題を読み、正しいものには○、誤っているものには×をつけなさい。

問1 □ 補助標識は本標識に取り付けられ、本標識の交通規制《きせい》について補助するものである。

問2 □ 路線バス等優先通行帯を原動機付自転車で通行中、路線バスが近づいてきたときは、すみやかに他の通行帯に移る。

問3 □ 図1の路側帯《ろそくたい》は、車の駐停車と自動車、原動機付自転車の通行が禁止されている。

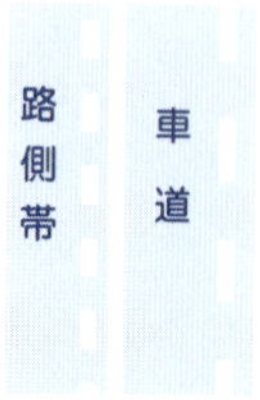

図1

問4 □ 道路の同じ場所に引き続き、昼間は12時間以上、夜間は8時間以上駐車してはならない（一部の区域の道路を除く）。

問5 □ 交通整理の行われている交差点で右・左折するときは徐行《じょこう》しなければならないが、それ以外の交差点では徐行の必要はない。

問6 □ 夜間、前車に続いて走行するときは、前車の制動灯《せいどうとう》に注意して運転することが大切である。

問7 □ 高齢者マークを付けた車は、70歳以上の人が運転していると考えてよい。

問8 □ 歩道や路側帯のない道路に駐停車するときは、車の左側に歩行者などが通れる余地《よち》を残さなければならない。

問9 □ 時速30キロメートルで走行中の車が速度を半分に落とせば、徐行したことになる。

問10 □ 図2のように原動機付自転車を駐車する行為《こうい》は、原則として禁止されている。

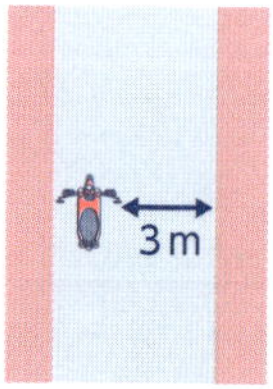

図2

問11 □ 踏切を通過するときは、そのまま進むと踏切内で停止するおそれがあることも考えておかなければならない。

問12 □ 酒を飲んで原動機付自転車を運転してはならないが、酒を飲んだ人に原動機付自転車を貸す行為は禁止されていない。

問13 □ 二輪車を運転しているときの急ブレーキは、危険を避《さ》けるためやむを得ない場合を除き、かけてはならない。

問14 □ 片側2車線のトンネルで、安全を確認してから追い越しをした。

正解とポイント解説

問1 ○ 補助標識は、本標識の規制の理由を示したり、規制が適用される時間などを特定したりするものです。

問2 × 原動機付自転車は、路線バスが近づいてきても、路線バス等優先通行帯から出る必要はありません。

問3 ○ 図1は「駐停車禁止路側帯」の標示で、歩行者と軽車両《けいしゃりょう》だけ通行できます。

問4 ○ 昼間は12時間以上、夜間は8時間以上、同じ場所に駐車してはいけません。

問5 × 交差点を右･左折するときは、どんな場合も徐行しなければなりません。

問6 ○ ブレーキをかけると制動灯が点灯するので、夜間はとくに前車の制動灯に注意して運転することが大切です。

問7 ○ 高齢者マークは、70歳以上の人が普通自動車を運転するときに付けるマークです。

問8 × 歩道や路側帯のない道路では、道路の左端に沿って駐停車しなければなりません。

問9 × 徐行は、ブレーキをかけてから1メートル以内で停止できる速度であり、時速10キロメートル以下が目安です。

問10 ○ 駐車するときは、車の右側の道路上に原則として3.5メートル以上の余地を残さなければなりません。

問11 ○ 踏切の向こう側が混雑《こんざつ》していて、そのまま進むと踏切内で動きがとれなくなるようなときは、踏切に入ってはいけません。

問12 × 酒を飲んだ人に原動機付自転車を貸すような飲酒運転を助長《じょちょう》する行為をしてはいけません。

問13 ○ 走行中の急ブレーキはたいへん危険なので、原則としてかけてはいけません。

問14 ○ 車両通行帯がある場合（片側2車線以上の道路）は、トンネル内でも追い越しができます。

問15 □ 危険を感じてからブレーキをかけ、実際にブレーキが効《き》き始めるまでに車が走る距離を、制動《せいどう》距離という。

問16 □ 図3の標識がある場所で、人を待つため5分間車を止める行為は違反《いはん》ではない。

図3

問17 □ 原動機付自転車の点検で方向指示器がつかないことがわかったが、手による合図ができるので、そのまま運転して出かけた。

問18 □ 交通巡視員《じゅんしいん》が灯火を頭上に上げている信号は、身体の正面に平行する交通に対して、黄色の灯火信号と同じ意味である。

問19 □ リヤカーを1台けん引《いん》しているときの原動機付自転車の法定速度は、時速25キロメートルである。

問20 □ ミニカーはエンジンの総排気量50cc以下の車をいうので、原動機付自転車に含まれる。

問21 □ 図4の標識がある交差点は、原動機付自転車の右折が禁止されている。

図4

問22 □ 一方通行の道路で、道路の中央から右側部分にはみ出して通行した。

問23 □ 前車が交差点の手前で徐行《じょこう》や停止しているときは、その前に割り込んだり、その前を横切ったりしてはならない。

問24 □ 他の車に追い越されるときは、速度を落とし、後続の車が安全に通行できるようにしなければならない。

問25 □ 道路の曲がり角から5メートル以内には、駐停車してはならない。

問26 □ 大地震が発生してやむを得ず車を道路上に置いて避難《ひなん》するときは、エンジンを止め、キーを抜き取るなど、盗難《とうなん》防止措置《そち》をとる。

問27 □ 原動機付自転車を運転中、図5の標示を通過したので、安全を確かめてから転回《てんかい》した。

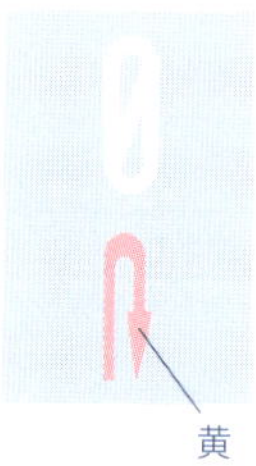

図5

問28 □ 下り坂でブレーキが効かなくなったときは、まず手早く減速チェンジをして速度を落とす。

問29 □ 軽車両《けいしゃりょう》は、自転車のほか、リヤカー、荷車、牛馬などのことをいう。

問30 □ 「仮《かり》免許練習中」の標識を付けた車に対しては、側方への幅寄せや前方への無理な割り込みをしてはならない。

問15 ×
設問の内容は空走《くうそう》距離で、ブレーキが効き始めてから車が止まるまでの距離が制動距離です。

問16 ×
人を待つための停止は時間にかかわらず駐車になり、図3の「駐車禁止」の標識がある場所では止められません。

問17 ×
手による合図は方向指示器とあわせて行うものなので、方向指示器がつかない二輪車を運転してはいけません。

問18 ○
身体の正面に平行する交通は黄色の灯火信号、対面または背面《はいめん》する交通は赤色の灯火信号と同じ意味です。

問19 ○
リヤカーをけん引しているときの原動機付自転車は、時速25キロメートルを超えてはいけません。

問20 ×
ミニカーは総排気量50cc以下の車でも、普通自動車に含まれます。

問21 ×
図4の標識は「原動機付自転車の右折方法（小回り）」を表し、原動機付自転車の二段階右折が禁止されています。

問22 ○
一方通行の道路では、右側部分にはみ出して通行してもかまいません。

問23 ○
設問のような行為は危険なので禁止されています。

問24 ×
他の車に追い越されるときでも速度を落とす必要はなく、速度を上げないようにします。

問25 ○
道路の曲がり角から5メートル以内は、駐停車禁止場所に指定されています。

問26 ×
だれでも車を移動できるように、エンジンキーは付けたままにするかわかりやすい場所に置き、施錠装置《せじょうそうち》をつけずに避難します。

問27 ○
図5は「転回禁止区間の終わり」の標示で、この標示を通過すれば転回できます。

問28 ○
設問のようにしても減速しない場合は、道路わきの砂利《じゃり》などに突っ込んで車を止めます。

問29 ○
軽車両は設問のようなものをいい、区分では車（車両）に含まれます。

問30 ○
「仮免許練習中」の標識を付けた車のほか、初心者《しょしんしゃ》マーク（準中型自動車を除く）や高齢者マークなどを付けた車に対しても同様にします。

問31 □ 原動機付自転車は、「自転車専用」の標識がある道路を通行してもかまわない。

問32 □ 図6のような原動機付自転車の駐車は、禁止されている。

図6

問33 □ 運転免許の停止処分《しょぶん》中の人が、その期間運転したときは、無免許運転になる。

問34 □ 前車が右折などのため、道路の右側に進路を変えようとしているときは、追い越しをしてはならない。

問35 □ 山道の路肩《ろかた》は崩《くず》れやすくなっていることがあるので、走行中は路肩に寄りすぎないように注意する。

問36 □ オートバイ式の原動機付自転車を運転するときは、両ひざでタンクを軽く挟《はさ》む姿勢《しせい》がよい。

問37 □ 図7の標識は、この先で車線数が減少することを表している。

図7

問38 □ 二輪車が左腕のひじを上に垂直《すいちょく》に曲げる合図は、二輪車が右折や転回《てんかい》、右に進路を変えることを表している。

問39 □ 交差点で前方の信号が青色の灯火に変わった場合は、すぐに発進しなければならない。

問40 □ 横断歩道の手前5メートル以内は駐停車禁止だが、その先の5メートル以内は駐停車禁止場所ではない。

問41 □ 原動機付自転車の荷台に荷物を積んだとき、制動灯《せいどうとう》が見えなくなったが、運転には支障《ししょう》がないのでそのまま運転した。

問42 □ 交通規則《きそく》を守って運転していれば、他の車や歩行者に道を譲《ゆず》る必要はない。

問43 □ 図8の通行帯を原動機付自転車で通行中、路線バスが近づいてきたときは、すみやかに他の通行帯に移らなければならない。

図8

問44 □ ぬかるみを通行する二輪車は、速度を落とし、低速ギアを使ってアクセルで速度を一定に保ち、バランスをとりながら通行する。

問45 □ 交通整理の行われていない交差点で、交差道路が交差点内まで中央線が引かれていたので、徐行《じょこう》して道を譲った。

問46 □ 車に作用する遠心力《えんしんりょく》は、カーブの半径が大きくなるほど大きくなる。

問31 × 自動車や原動機付自転車は、自転車専用道路を通行してはいけません。

問32 ○ 図6の路側帯《ろそくたい》では中に入って止められますが、車の左側に0.75メートル以上の余地《よち》を残さなければなりません。

問33 ○ 免許停止処分中は運転免許がない状態なので、その期間運転したときは無免許運転になります。

問34 ○ 設問のようなときに追い越しをするのは危険なので、禁止されています。

問35 ○ 路肩に寄りすぎると、道路外に転落《てんらく》するおそれがあるので危険です。

問36 ○ 両ひざでタンクを軽く挟むニーグリップの姿勢で運転します。

問37 × 図7は、この先で道路の幅が狭《せま》くなる「幅員《ふくいん》減少」の警戒《けいかい》標識です。

問38 ○ 設問の合図は、二輪車が右折や転回、右に進路を変えることを表します。

問39 × 交差点の先が渋滞《じゅうたい》していたり、渡りきれない歩行者がいたりする場合があるので、安全を確かめてから進みます。

問40 × 横断歩道とその端から前後5メートル以内は、駐停車が禁止されています。

問41 × 制動灯やナンバープレートなどが見えなくなるような積み方をして運転してはいけません。

問42 × 他の車や歩行者に道を譲るなど、ほかの人が安全に通行できるように配慮《はいりょ》することも大切です。

問43 × 図8は「路線バス等優先通行帯」の標示ですが、原動機付自転車は他の通行帯に移る必要はありません。

問44 ○ ぬかるみではバランスを崩《くず》しやすいので、設問のように通行します。

問45 ○ 交差点内まで中央線が引かれている道路は優先道路なので、進行を妨《さまた》げてはいけません。

問46 × 遠心力は、カーブの半径が小さくなる(カーブが急になる)ほど大きくなります。

問47　時速30キロメートルで進行しています。交差点を直進するときは、どのようなことに注意して運転しますか？

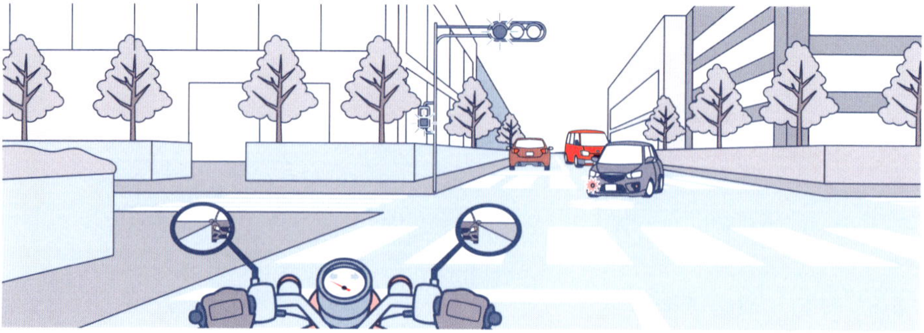

（1）□ 前方の信号は青色の灯火を表示しているが、対向車が先に右折することを予測して、速度を落とし、注意して進行する。

（2）□ 対向車が先に右折することを予測して、断続《だんぞく》ブレーキで後続車に速度を落とすことを伝える。

（3）□ 対向車が右折したら安全に直進することができる。

問48　時速20キロメートルで進行しています。どのようなことに注意して運転しますか？

（1）□ 前方は見通しの悪い交差点なので、交差道路から進入してくる車に注意し、徐行《じょこう》して進行する。

（2）□ 前方のカーブミラーには車などが映《うつ》っていないので、そのまま進行する。

（3）□ 前方は見通しの悪い交差点なので、警音器《けいおんき》を鳴らし、自車の接近を知らせる。

問47

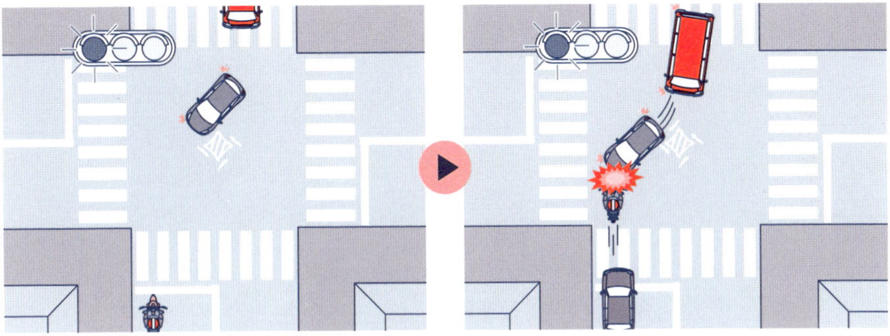

（1）　○　直進車優先でも、対向車が先に右折してきた場合を予測します。

（2）　○　急に減速すると後続車に追突《ついとつ》されるおそれがあるので、断続ブレーキで知らせます。

（3）　×　右折しようとする車は1台だけでなく、続いているおそれがあります。

問48

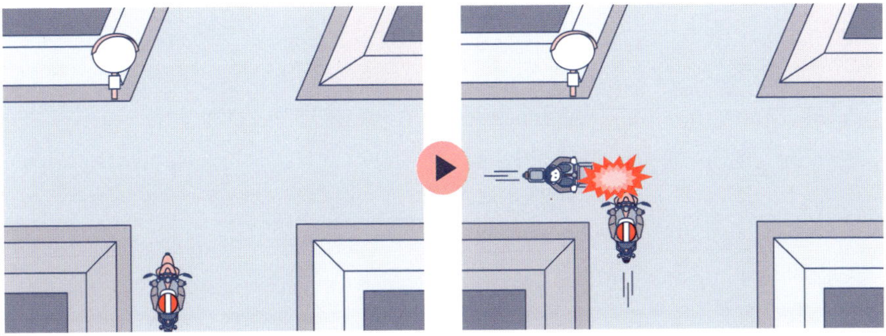

（1）　○　徐行して、交差道路から進入してくる車に注意します。

（2）　×　ミラーには車などが映っていなくても、徐行して安全を確かめます。

（3）　×　自車の接近を知らせる手段として、警音器を使用してはいけません。

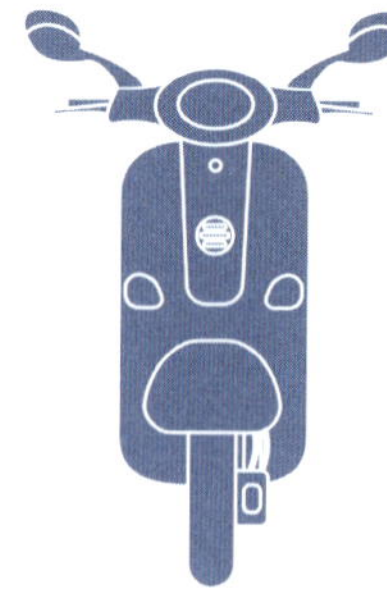

- 本文デザイン　(株)志岐デザイン事務所(熱田 肇)
- 本文イラスト　酒井由香里　風間康志
- 編集協力　knowm(間瀬)

0《ゼロ》からはじめても一発合格！
原付免許がカンタンに取れる本

2018年5月12日　発行

編　者　自動車教習研究会

発行者　佐藤龍夫

発　行　株式会社 大泉書店

住　所　〒162-0805
東京都新宿区矢来町27

電　話　03-3260-4001(代)

F A X　03-3260-4074

振　替　00140-7-1742

印　刷　ラン印刷社

製　本　明光社

URL　http://www.oizumishoten.co.jp/

ISBN 978-4-278-06188-8　C2065

落丁、乱丁本は小社にてお取替えいたします。
本書の内容についてのご質問は、ハガキまたはFAXにてお願いいたします。　R44